漆谷重雄／栗本崇

時代（とき）を映すインフラ

ネットと未来

丸善ライブラリー

プロローグ

「ノーベル賞とるなら、ネットらしいわよ」、スマホが震えてメッセージが表示された。放課後の進路指導が終わり、彼女の待つ図書館に急いで向かう途中だった。何のことだろうと思い「？　もうすぐ着くよ」と返事をすると、すぐに「急いでね」と返ってきた。図書館のゲートを通って待ち合わせの階に駆け上がり、彼女のいる場所を探す。書棚で隠れて見つけにくい閲覧席、小さい頃からそう決まっている。でも、いまの僕は迷わない。見えなくても僕らはつながる。静かに彼女の横に座ると、「これに書いてあったの」と一冊の雑誌を渡された。付箋が貼ってある記事のタイトルは、“大学のための超高速ネット”。クエスチョンマークのまま貸出し手続きを済ませ、僕らは図書館を出ていつも行くソフトクリーム屋さんに向かった。

お店では、バニラ味を一つ注文してカップに入れてもらい、スプーンを二つもらった。席を確保するなり、彼女は話しはじめた。

「最近の実験ってデータがものすごく大きいでしょ。超高速ネットが鍵なんだって」

黒い瞳を大きく見開いて僕の目を覗き込むように話す、彼女のテンションが高いときの話し方だ。意外だなと思って僕は聞いた。
「真凛がネットに興味を持つとは思わなかったよ。どうしたの？」
「だって、未来は理系志望でしょ。私は文系の文学部に決めているけど、未来はまだ理系しか決まっていないのよ。少しでも役に立つかなと思って」
　昨日の夜、真凛とスマホで連絡を取りながら、僕は理系志望に決めた。決め手は、家族のみんなから「どう見ても理系だよね」と言われたからだった。どう見ても理系、と言われる理由はよくわからなかったが、どう見ても文系、と言われるよりはしっくりときた。昨日のことを思い出して、「助かるよ、ありがとう」と真凛の気持ちに感謝した。真凛はうれしそうに微笑むと、話を続けた。
「超高速ネットって、ノーベル賞だけじゃなく、天文、宇宙、地震、医療なども関係しているみたいよ。実験のための特別な仕組みもあるらしいわ」
「そんなネット初めて聞いたよ。誰がつくっているのかな？」
「ここに、“国立情報学研究所”と書いてあるわ。しかも、記事の中には、優さんも出てくるの」
　優さんというのは僕の母の弟、すなわち僕の叔父にあたる。ネットの研究をしているのは聞いていたが、“大学のための超高速ネット”に関係しているとは知らなかった。ネットという意味では、僕らも高校の“情報”で習っている。でも、教科書は英字略語に満ちていて、最も苦手な科目だ。僕らの学校では先生も扱いに困っているようで、質問もしづらいときている。ネットに関しては先生に聞くより優さんに直接聞いたほうが早い、そう思って僕は言った。

「じゃあ、優さんに聞いてみようかな。もうすぐ一徹おじいちゃんの喜寿のお祝い会があるから、そのときに一緒に聞くのはどう？」

一徹おじいちゃんは母や優さんの父で、真凛も何度か会ったことがある。「べっぴんさんになったね」と言われて、“べっぴんさん”をスマホで検索して喜んだのがこの前会ったときだ。

「私も一緒でいいの？」

「もちろんさ、家族みたいなものだからね」

誤解のないように言っておくと、僕と真凛は幼なじみだ。真凛の両親が共働きということもあり、僕の家に何度も遊びに来ているうちに家族のようになってしまった。そういう意味で使った言葉だ。

この後、僕らは「超高速ネットには、スイスの実験装置やチリの望遠鏡もつながっているのよ」、「僕はチリのイースター島に行ってみたいな」といった話で盛り上がった。

あっという間に時間が過ぎて日が少し暮れてきたので、僕らはあわててお店を出た。家に向かう途中の川辺にさしかかったとき、川の向こうにはいつもより大きく見える夕陽が沈もうとしていた。その大きな夕陽はきれいなオレンジ色に輝いていて、僕らはなぜか幸せな気持ちになった。

　その夜、祖父のお祝いの会のことで、僕は母と相談した。この会は長女である母が仕切ることになっているので、段取りについて確認するためだ。まず、真凛の参加は大歓迎された。母から「お手伝いもしてくれるかしら？」と聞かれたので、真凛に LINE したところ、「もちろん、うふふ」と返ってきた。超高速ネットについては、「おじいちゃんのお祝いの会だから、電話の話も聞いてあげたら」とアドバイスされた。祖父は定年まで電話の仕事をしていて、電話もネットの一つだから、というのが理由だった。もう一つ、「舞の話も面白いかも」と勧められた。舞さんは母や優さんの妹で、高校生時代は“早打ちの舞”と異名をとる達人だったらしい。当日の話の進め方については、優さんが少し遅れて来ると聞いて、電話から順に聞いていくことに決めた。

　その後、母は参加者のメーリングリストに真凛を加えた。しばらくすると、「お祝い会にご参加の皆様、当日は自分の好きなお菓子をいくつか持参してね♡♡」と母からメールが届いた。僕と真凛は、「ハートマークが二つだよ」、「真剣に考えるわ」と LINE した。

　かくして、一徹おじいちゃんの喜寿のお祝い会は、大安の日にわが家で開催された。そして僕と真凛は、この二十数年の予想を超えるネットの進化に驚愕することとなった。

　この物語は、僕らが聞いたネットの変遷についてまとめたもので、電話から超高速ネットまで、その進化がわかるように解説している。一話ごとに完結していて、どの話から読んでも大丈夫になっているので、好きなところから読んでほしい。

KEYWORD

ネット：ネットワーク（Network）の略語。ここではインターネットだけではなく、電話のネットワークなども含んだ広い意味でのネットワークをネットとよぶ。

スマホ：スマートフォン（Smart Phone）の略語。

LINE：無料のコミュニケーションアプリ。LINE でのメッセージのやり取りは、ここでは LINE すると表現する。

(右) 九段 武史
(左) 神田 翔平
(優の同僚たち)
神保 一徹
(未来の祖父)
神保 恵子
(未来の祖母)
一橋 輝夫
(未来の父)
一橋 瞳
(未来の母)
神保 優
(未来の叔父)
神保 心
(未来のいとこ)
神保 舞
(未来の叔母)
一橋 愛莉
(未来の姉)
一橋 光海
(未来の弟)
一橋 未来
(主人公、「僕」)
竹橋 真凛
(未来の幼なじみ)

登場人物

一橋未来（ひとつばしみらい）
僕、高校生。スマホですべてをこなす理系志望の男子。ネットの仕組みに興味を持ちはじめた。

竹橋真凛（たけばしまりん）
幼なじみ。僕と一緒にネットの仕組みを勉強していく文系志望の女子。図書館が好き。

一橋瞳（ひとつばしひとみ）
母、元CAで現在通訳。いまだ"ガラケー"で仕事もプライベートもバリバリこなす。旧姓神保。

一橋輝夫（ひとつばしてるお）
父、IT系企業勤務。いろいろな通信システムの開発に従事してきた。

一橋愛莉（ひとつばしあかり）
姉、大学生。おしゃれなSNSに興味がある。SNSデビューと同時にアカウントを乗っ取られた苦い経験がある。

一橋光海（ひとつばしひかる）
弟、中学生。ネットゲーマー。ネットの品質にうるさい。

神保優（じんぼゆう）
叔父、国立情報学研究所勤務。ネットの研究をしていて、SINETというネットも担当している。

神保舞（じんぼまい）

叔母、プログラマー。女子高生時代はピッチのモニター。タイピングが早く一日に数千ラインのプログラムを書くこともある。

神保一徹（じんぼいってつ）

祖父、元通信会社勤務。現場担当としていろいろなネットの構築に携わってきた。電話について詳しい。

神保恵子（じんぼけいこ）

祖母、元通信会社コールセンター勤務。電波の強弱をつねに気にする。

神保心（じんぼこころ）

いとこ（優の長男）、小学校低学年。自由研究のテーマを探している。

神田翔平（かんだしょうへい）

叔父の同僚。

九段武史（くだんたけし）

叔父の同僚。

目　次

プロローグ　3

第１話　固定電話が定着
―黒と緑―　15
♠モッシー事件の謎が明らかに　17
♠電話線と電柱をじっくり見た　21
♠ネットの中を教えてもらった　25
♠災害時にはそうつなぐんだね　29
♠公衆電話を初めて使ってみた　35
♠テレホンカードは思い出だね　41
♠特殊番号って意外と面白いね　45
♠お客様対応って大変なんだね　51

第２話　アイドルで急変
―メタルシルバーと赤―　55
（その１）固定から携帯へ　57
♣女子高生の早打ちにびっくり　57
♣ピッチで年齢がわかるんだね　61
♣ピッチとケータイどう違うの　64
♣ケータイの進化が止まらない　68
♣ハンドオーバーが鍵なんだね　72

（その2）インターネット時代へ 74
♣パソコン好きだとどうなるの 80
♣インターネットって要するに 83
♣譲り合ってみんながつながる 87
♣劇的な普及は赤い袋とともに 94
♣そして光ファイバが家に来た 98
♣家ではワイファイを使うよね 103
♣ワイファイがどんどん広がる 110

第3話　つながりが拡散
—グリーンとスカイブルー— 115
♥最近は無料通話が普通だよね 117
♥僕らはビデオ通話をこう使う 121
♥ピーツーピーが僕らをつなぐ 126
♥ SNSは広がるだけじゃない 129
♥乗っ取りとバッシングは嫌だ 136
♥いろいろな検索があるんだよ 140

第4話　先端科学で躍進
—紺瑠璃とオレンジ— 145
♦全都道府県が超高速なんだね 147
♦実験用のネットって面白いね 152
♦このネットの機能使いたいな 157
♦大学もクラウドを使っている 162
♦大学のネットは教育のために 165
♦オープンハウスに行ってみた 168

♦実験室はすごい音と風だった　172

第5話　未来に向かって
　—レインボー—　177

解説・特別解説
♤デジタル化とは　30
♤電話がパンクする—輻輳崩壊とは　36
♤サービス総合デジタル網 ISDN とは　48
♧基地局と携帯端末間の無線技術その1　76
♧基地局と携帯端末間の無線技術その2　78
♧ドメインネームの構造　90
♧ TCP プロトコルによる効率的な通信　106
♧光アクセス回線（GE-PON）の仕組み　108
♡大量リクエスト処理のためのサーバ技術　130
♢子供にもわかる SINET5　154

あとがき　188
著者紹介　190
参考文献　192

イラスト　高木もち吉

第1話

固定電話が定着

—黒と緑—

大安の日の正午少し前、祖父と祖母が僕の家に到着した。みんなの歓迎の笑顔の中に真凛が混じっているのに気づいた祖父は、「ますますべっぴんさんになったね」と喜びながら僕を見た。祖母も、なぜかにっこりとして僕の手を握ってきた。リビングルームでみんながハグハグした後、ゆっくりとダイニングルームに移り、テーブルの席が少しずつ埋まっていった。ダイニングテーブルの上には母率いる女性陣の作品が彩りを添え、部屋の隅の小テーブルには、一人ひとりが持参したお菓子が山盛りになっていた。全員が席に着き少し咳払いなどがあった後、母と舞さんから祖父への感謝に満ちた言葉が伝えられ、続いてカラフルな花束が贈呈された。みんなの拍手が家の中に響き渡ると、祖父は目が少し潤んだようだった。その後、優さんの代わりに父が乾杯の音頭をとり、食事と団らんがはじまった。

酔いが少し回ってきたところで、祖父のスピーチタイムとなった。誤解のないように言っておくと、僕と真凛が飲んでいたのはオレンジジュースだ。祖父は、小さい頃は戦争で大変だった、でも祖母と出会って子供も三人できて幸せになった、孫もいっぱいで真凛ちゃんまで祝ってくれてうれしいよ、と幸せに溢れた言葉を口にした。しかし、「そろそろひ孫も……」と不用意な発言をしたところで、祖母からレッドに近いイエローカードが出て、しりすぼみでスピーチは終了した。

しばらくすると、僕らの待っていたお菓子タイムに入った。ここがネットの話を切り出すタイミングと決めていた僕は、祖父にこう聞いた。

おじいちゃんって、LINEしてる？

最近流行っているやつじゃな。挑戦しようとは思っておる

設定してあげるよ。おじいちゃんはいつも電話で連絡するの？

そうじゃ。メールより人の声のほうが断然いいからのう

LINEも通話できるよ。ビデオ通話というのもあるし

むむむ。そうじゃが、電話のことも知ってほしいのう

モッシー事件の謎が明らかに

予想通りに祖父は、電話の話をしてあげようか、という雰囲気になってきた。僕は電話のことはあまり詳しくないので、まず父に話を振るようにした。

パパも電話世代なの？

パパは、バブル世代だね

私の両親もよくそう言いますよ。華やかな時代だったんですよね

そうだね。でも、通信端末といえば、固定の電話機しかなかったな……

父の小さな頃の電話機は通信会社からのレンタルで、色は“黒”しかなく、機能が単純で頑丈なものだった。着信音は、内蔵ベルの“ジリリリリーン”に決まっていた。一家に一台というのが普通で、壁から直接出ている太い電話線で電話機が固定されていて、自由に持ち運べなかった。このため、話している内容が家族に筒抜けになってしまう。「いわゆる大人の連絡用という感じだったな」と父は語った。
「黒電話の写真あったかな」と言いながら、父はアルバムを探しに行って、黒色の電話機の写真を持ってきてくれた。その電話機は、シルエットはおしゃれだったが、数字のボタンがなく、代わりに穴があいた透明な円盤がついていた。この円盤はダイヤルという。僕が不思議そうに眺めていると、父は教えてくれた。

ダイヤルの穴に指を入れて時計回りに回すんだよ。回し切ったところで指をはずすとバネでもどるから、電話番号の数字分だけ指を入れて回すんだ

何だか時間がかかりそうだね

でも、ダイヤルを回すときの“ジーコ”という音がとてもいいんだよ。いかにも電話をかけているという感じで

僕にはその音が想像できなかったが、父は続けた。

電話するべきか迷っているときには、回している途中でやめることもできる。回して悩んでフックを押して、をくり返すのが当時の悩める若者像だね。

少し微妙な発言で、母がちらっと父を見た。僕はすかさず質問をした。

フックって何？

受話器を置く部分にある白いプラスチックのことだよ

父は何かを思い出したらしく、妙な話をしはじめた。

ずっと昔、フックで遊んでいて、奇妙なことが起きたんだ。突然、知らないおじさんが“モッシー”と出てきた

モッシー？

そう、パパの中では“モッシー事件”としていまだに謎だ

話を聞いていた祖父が笑いだして、「そりゃあ、わしの会社の連絡用語じゃ」と言って、その謎を解いてくれた。「まず、電話機の仕組みを知ることじゃ」と、解説がはじまった。

受話器を上げてダイヤルを回すと、もどっている間に数字に応じた数のパルスが発生する。1なら1個、2なら2個、なんと0は10個のパルスじゃ。そのパルス数を発生させるために、反時計回りに1から数字が並んでおる

0が最後というのは面白いね

ここで、フックをすばやく1回押すと電話が一瞬切れるが、これがパルス1個に相当する。これを3回くり返すと、111の番号にかけたことになる。この番号は電話工事連絡用だから、電話保守のやつが“モッシー”と出てきてしまったというわけじゃ

その1回だけだったんですよね。友達に言っても信じてくれなくて

電話工事の多い時代で、ちょうど待機しておったからじゃ。いまでは、さすがに出ないだろうな。ところで、いまの電話機はボタン式じゃが、同じパルスを出すぞ

えっ、見た目が変わっているだけなんだね

そうじゃ。いまの電話機は、特殊な音で電話番号を早く伝えることもできるが、通信会社との別契約が必要で流行らなかった。これはトーン方式といって、公衆電話は早くから採用しておったがな

電話番号を伝える方式にいろいろあるとは知らなかった。僕と真凛は、リビングの電話機のところに行って、フックをすばやく3回押してみた。何度も試してみたが、お

じさんは出てこなかった。

「モッシー聞きたかったね」と話しながらダイニングにもどるとき、小テーブルの上に祖父の大好物のどら焼きを見つけたので、いただくことにした。僕はどら焼きを二つに割って、片方を真凛にあげた。僕らはいつもお菓子を二つに割って食べる。食べながら真凛が「ところで、パルスって何？」と聞いてきたので、「細長い電流の波形のことだよ」と答えると、「ふ〜ん」と返ってきた。真凛の場合「ふ〜ん」というのは、半分ぐらいしかわからなかったけどまあいいよ、という意味で使われる。

電話線と電柱をじっくり見た

僕らはパルスの行き先が気になったので、祖父に質問した。

パルスって、どこまで伝わっていくの？

電話線で電話局まで伝わっていくのじゃ。家からはモジュラージャックというコネクタを通って外の電話線につながっておる

電話線って、外では見たことないですよ

祖父は「基本の基じゃ」と言いながら僕らを外に連れ出し、家のまわりや電柱などを指しながら、電話線について教えてくれた。

電話線は家の外壁についている保安器という小さな装置を通って屋外に出る。雷などによる異常な電圧から守るためじゃ。その後、電柱の近くにあるクロージャという細長いボックスで、ほかの家の電話線と束ねられて、電柱を伝っていくのじゃ

僕、電話線と電柱を初めてじっくり見たよ

未来の家は、電話線と光ファイバの二つを使っているから、違うクロージャで束ねられておるな。黒色は電話線用、灰色は光ファイバ用じゃ

よく見ると、クロージャはいっぱいあるんだね

電話線や光ファイバは途中から道路の下に埋められて、電話局までのびている。道路工事の看板で、“電話工事中”というのを見たことがないかな？

僕は、電話線を埋めるために道路工事をする、というのを初めて知った。恥ずかしながら、水道管やガス管を埋めるために道路を掘るということも知らなかった。真凛は、「私も知らなかったわよ」と僕をいたわりつつ、質問をした。

電話線の上にも電線があるんですね

あれは電力会社の電線じゃ。少し先に小さなドラム缶みたいなものが見えるかな。トランスといって、あれで区別がつく

トランスって何ですか？

電気は家の近くまで高電圧で来て、トランスで家庭用の電圧に変換されて家に届けられるのじゃ。そのほうが電気の損失が少ないからのう

僕らの話を聞いていた父が、家にもどって四角い金属の塊みたいなものを持ってきた。それはオーディオアンプに使うトランスで、オーディオマニアだった父の独身時代の遺産だった。アンプ本体は結婚する際に処分させられたらしい。

この電源トランスは、家のコンセントの電圧をオーディオ装置用の電圧に変換するんだ。トランスは電圧を変換するための装置で、いろいろなところにある

真凛は小さなトランスを重そうに父から受けとった。

となると、電柱の上のあのドラム缶は相当に重いはずだ。改めて町を見渡すと、ドラム缶は、僕の家のまわりにたくさんあった。

電柱まわりの工事って大変そうだね。電話も電力も

そうじゃ。危険が伴うから、安全第一じゃ

真凛も僕の家のまわりを見て、祖父に言った。

でも、よく見ると、すごい電線の数ですね

そうじゃな。わしは、家の近くでも電線を地下に埋めてほしいと願っておる。見栄えもよくないし、電柱は災害時に倒れて道をふさぐこともあるからのう

電線が地下に埋まり電柱もなくなったら、僕らの町並みは大きく変わるに違いない。青い空がより広く見える

だろうし、朝の陽ざしももっと清々しいものになるはずだ。

家の中にもどりながら僕と真凛は、「電線の好きなスズメはどうするかな？」、「屋根のアンテナでがまんするんじゃない」、「電柱がないと犬は困るかもね」、「最近はしつけが厳しいから OK かもよ」などと話し合った。

ネットの中を教えてもらった

ダイニングにもどっても、電話線の話がそのまま続いた。祖父が電話線の意外な役割について、教えてくれた。

電話機が動作するための電気も、電話線を通じて供給されておる。未来の家や町が停電しても、電話することが可能じゃ

僕は無線の子機で電話するので、あまり意識しなかった。電話線に直接つながっている電話機は、機種によってはいまでも停電時に使える。僕は近くにあった電話機のコンセントを抜いて、真凛のスマホにかけてみた。僕の家の電話機は確かに使うことができた。

電話線、なかなかやるね

覚えておいて損はないぞ

真凛は電話線に感心しつつも、電話線を用いた電話の仕組み自体がわからなかったようで、本質的な質問をし

た。

でも、どうして電話線で人の声が伝わるの？

電話機では、人の声を電気信号に変換して電話線に送るのじゃ。相手の電話機では、その電気信号を人の声に変換する。簡単な仕組みじゃ

人の声や音は空気の振動で伝わる。糸電話では、声がコップを振動させて、それが糸で伝わって相手のコップを振動させることで声が伝わる。電話機では、声を受話器の振動板で受けて、その振動を電流の大小に変換して電話線で伝えている。僕がそう補足したところ、真凛の一応のうなずきを得た。真凛からは「さすが理系志望」という賛辞をもらった。

その後、「でも、電話線ってほかの人の家までずっとのびているわけじゃないよね」という議論になって、電話線の先やネットの中がどうなっているのか聞いてみた。

家からの電話線は、電話局で電話交換機につながっておる。受話器を上げると、最初に“ツー”という音がするが、これは電話交換機が出している音じゃ。電話機への電気の供給も電話交換機から行われるぞ

とすると、停電のときには電話交換機も動いているんだね。電話局には大きな電池みたいなものがあるということかな

そうじゃ。電話局には停電時にも 90 分は耐えられるバッテリーがある。停電が長く続くときは、強力

なディーゼル発電機もあるから安心じゃ

電話って、見えないところで意外と頑張っているのね

祖父は気をよくして、電話交換機の話を続けた。

電話交換機は電話番号を受けとると、ほかの電話交換機と連携して、相手の家の電話線がつながった電話交換機まで接続してくれる

電話機、電話線、電話交換機がいっぱい、電話線、電話機というつながりだね

遠くの電話交換機と接続するときには、中継専用の交換機をいくつか経由していくぞ

祖父は、電話線を収容しているのは加入者交換機、中継専用のは中継交換機というと教えてくれた。これらの交換機がいっぱいつながって電話のネットが構成されている。

電話をかけるたびに、それらの交換機が頑張ってつないでくれるの？

そうじゃ。電話番号に応じて、交換機を選択してつないでいくのじゃ

よく間違えないでつなぐね

電話番号は地域ごとにきれいに分けられておる。例

えば、最初の数字が03だと東京23区、06だと大阪に向かう中継交換機を選択すればよいのじゃ。交換機の故障も考慮して中継のルートは複数あるぞ

その後、祖父の中継ルートの選び方に関する難しい話が続き、最後は電話料金の話になった。

電話の料金は、遠いところにかけるほど高くなっておる。最初の数字が同じであれば、3分で8.5円などでかけられるぞ

でも、スマホだと距離に関係なくカケ放題とかあるよ

無料通話アプリだと無料ですよ

むむむ。でも、通話の品質や信頼性はピカイチなんじゃがな

祖父の話が一段落したので、僕と真凛は、祖父が持ってきた少し硬いえびせんべいを二つに割って、食べながら復習した。“ピカイチ”を検索して意味を理解した僕らは、「ケータイは音がいま一つだね」、「無料通話は遅延が大きいわ」、「ピカイチ頑張ってほしいね」、「応援するわ、家族だもの」などと話し合った。

ところで、祖父からは「いまのネットワークはデジタルになっていて、電話交換機より先は、電流の大小を0と1のデジタル信号に変換している」という話を聞いた。昔の交換機はアナログ交換機、現在の交換機はデジタル

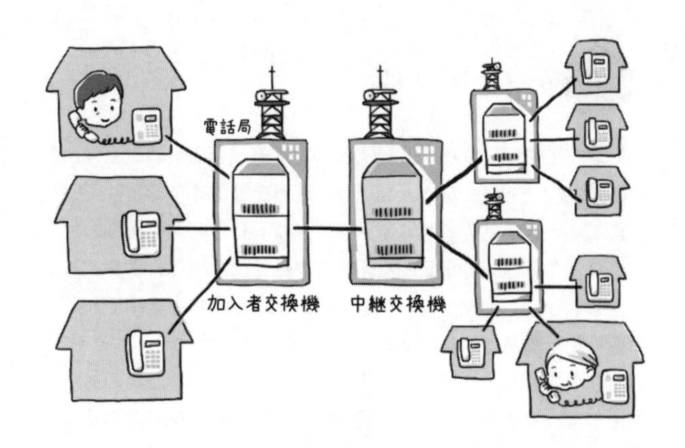

交換機という。

僕らの議論では、「アナログレコード盤がデジタルCDになったようなものだね」、「何で0と1に変換するの」、「エラーが減らせて品質がよくなるからかな」、「ふ〜ん」とよくわからない様子だったので、別欄の解説を見ておいてほしい。

災害時にはそうつなぐんだね

えびせんべいで喉が渇いたので、「紅茶を入れるわ」と真凛が席を立った。僕も一緒に紅茶を探しに行って、ダージリンを入れることにした。母が近くにいたので、若い頃の電話事情について聞いてみた。

わが家はおじいちゃんの“緊急の電話会議”という

解説 デジタル化とは

最初の電話交換機は、発信者の電話線と着信者の電話線との間を物理的につなぎ、発信者の音声を着信者まで届けていました。発信者の音声は電話機によって音の高低や音量の大小なども考慮して電気的なアナログ信号に変換されます。しかしながらこのアナログ信号は、電話線を伝わる途中で、減衰したり歪んだりするため、この減衰や歪みが大きくなると、声が小さくなる、声質が変化する、といった通話品質の劣化につながります。とくに、電話線の距離が長くなればなるほど劣化が大きくなるなどの課題がありました。

この問題をデジタル化により解決しました。発信側の交換機でアナログ信号をデジタル信号に変換（A/D 変換）し、ほかの交換機にこのデジタル信号を伝えます。デジタル信号は0と1からなり、距離が長くなっても0と1を間違いなく伝えることで、着信側の交換機までそのままの信号を伝えることができます。着信側の交換機ではデジタル信号をアナログ信号にもどして（D/A 変換）電話機に伝えます。これにより距離によらず、どこでも明瞭な音声品質で通話することが可能になりました（図1）。

デジタル信号化のために、交換機では Pulse Code Modulation（PCM、パルス符号変調）とよばれる変換方式を採用しました。PCM では一定間隔でその時点の電気信号の大きさを測定し、その大きさを整数に置き換えます（図2）。この測定を標本化、整数への置き換えを量子化とよびます。また、標本化の間隔は標本化周波数という1秒間の頻度（単位は Hz）で表現されます。具体的には音声の周波数帯域を考慮して 8kHz の間隔で標本化を行い、256 段階で量子化します。8 ビットで 256 段階を区別できるので、8,000／秒× 8 ビット＝64,000 ビット／秒（64kbps）のデジタル信号に変換しています。

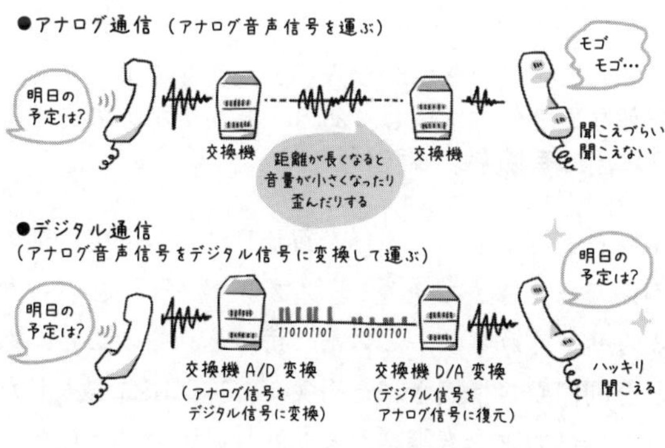

図 1　デジタル通信とは

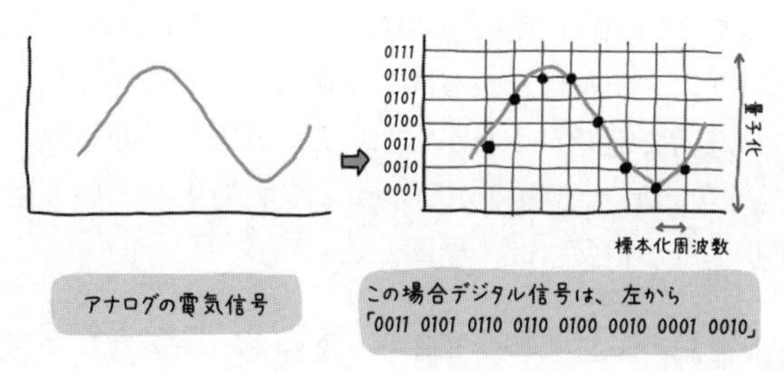

図 2　デジタル信号化

のが結構あったのよ。電話機は離れの部屋に置かれていてね。戸を閉めると声が外に聞こえにくいようになっていて、これがなかなかいいのよ

緊急の電話会議というのは嫌ではないだろうか。なかなかいいのよというのは、母にとって、という意味であって、戸を閉めるとプライベートな空間になったからだった。

でも、キャッチホンが入ると大変なのよ。すぐに切らないといけないし、あのキャッチホンの通知音は本当に耳障りだったわ

キャッチホンというのは、電話している最中に別の電話がかかって来たことを、“プププップッ”といった音で知らせてくれるサービスだ。ずっと話中のことがあることを同僚から指摘された祖父が、神保家に導入したそうだ。母はいまでも電話がとても長い。いまは無線の子機かケータイなので、電話がかかってくると別の部屋に行って、戸を閉めて電話をする。“戸を閉めて電話をする”というスタイルは昔から同じであることがわかった。

長電話で電話がつながらないというところから派生して、「災害時にも電話がつながらないのよ」という話になり、母が祖父に聞く展開となった。

電話って、災害が起きたりすると、全然かからなくなるのよね

電話のネットワークは座席制のようになっていて、使える人の数が決まっておる。例えば、電話交換機と電話交換機の間は何人まで、というようにじゃ。その地域間の需要によって適度に決めているから、災害時には当然足りなくなるわけじゃ

電話交換機の処理能力も限られますからね

システムエンジニアの父がすかさずフォローした。電話の接続要求がたくさんあると、電話交換機がその受付処理だけでアップアップしてしまうとのことだった。

なんかけちくさいわ。余裕を見て、増やせばいいじゃない

そこは需要と供給のバランスじゃないかな。普段は困らないわけであって

“需要と供給のバランス”という知的な反撃を受けて、母はトーンを少し緩めて言った。

でも、それ以上にかかりにくい感じがするのよね

災害のときには全国から電話が殺到するから、電話のネットワーク全体がパンクしそうになるのじゃ。電話のための席も交換機の処理能力も限られるからのう。なので、全国の電話交換機に規制をかけるんじゃ

どういうふうに規制をかけるの？

全国からの災害地向けの電話の受付を、例えば一律に10%に規制する。全国の電話交換機で受付を規制するんじゃ。そして、その割合を徐々に増やしたり減らしたりして、全体の混み具合を抑えていく

ネットワークの入口で絞っちゃうのね。かかりにくいはずだわ

でも、大変そうな作業ですね

“トラフィック制御装置”という司令塔が、やってくれるのじゃ

“トラフィック”とは交通量という意味で、“トラフィック制御装置”は電話の交通量をコントロールする装置だ。交差点で笛を吹いて交通整理をする警察官みたいに、機転を利かせて全体をコントロールする必要があって、大

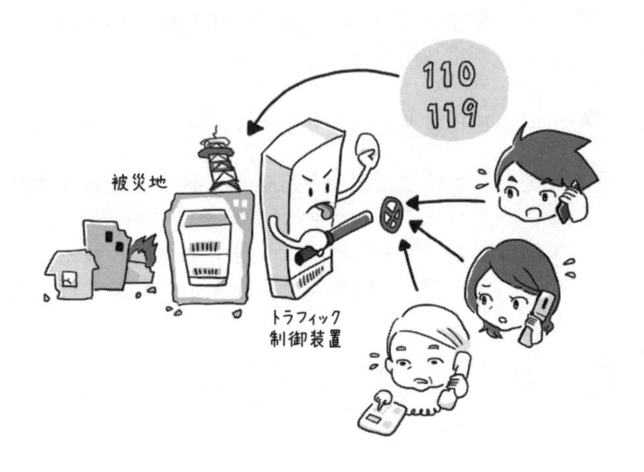

変そうな装置だ。

災害のときは公衆電話から電話することじゃ。規制の割合が違うから、優先的に接続してくれるぞ

僕、公衆電話って使ったことないよ

私も、ないない

僕らは普通に反応しただけだったが、“公衆電話を使ったことがない”というのは、大人のみんなには驚きだったようだ。

公衆電話を初めて使ってみた

公衆電話と聞いて、「公衆電話は好きだな」と父が会話の主役に躍り出た。父の若い頃は、現在よりはるかに多くの公衆電話があり、人通りの多い街頭や駅などに加え、いろいろなお店の店頭にも置かれていた。家の電話と町の公衆電話のセットでネット全体が形成されている時代だった。

パパの小さい頃の公衆電話はダイヤル式で、色は赤だったよ

赤？　非常用の電話っていう感じだね

でも、110番や119番は無料でかけられるから、当時の色的にはぴったりかもね。いまの公衆電話でも無料でかけられるけどね

解説　電話がパンクする－輻輳崩壊とは

例えば、人気のコンサートのチケット予約販売等があると、多くのファンの方が一斉に予約のための電話をかけます。予約電話が殺到すると、チケット予約センタに電話がつながらないことは想像がつくと思いますが、チケット予約センタを含む近隣への電話がつながらなくなる輻輳状態、ひどいときは広範囲の地域全体で電話がつながりにくくなる輻輳崩壊とよばれる状態に陥る可能性もあります。この輻輳状態を回避する仕組みが輻輳制御です。特定の着信先が混雑することでなぜ広範囲の地域全体で電話がつながりにくい状態になるのでしょうか。

電話をかける際には、発信者から着信者までの交換機の間で、回線をつなぐための必要な受付処理を行います。具体的には、発信者から着信者までの間の回線の使用状況を調べ、空きがある場合に回線を確保します。着信者までの回線が空いている場合はよび出し音を、途中で回線に空きのない場合は話中音を交換機から鳴らします。チケット予約センタに電話が集中した場合、多くの場合「話中」の状態になりますので利用者はあきらめずに再度電話をかけなおし、これが何度も繰り返されることとなります。一方、チケット予約センタ以外の近隣に電話をかける利用者に対しても同じ交換機で受付処理を行わねばなりません。交換機で受付可能な処理量は限りがありますので、チケット予約センタの処理で手いっぱいになると、それ以外の着信先に向けての電話がかかりにくくなります（図）。これが輻輳です。特定の交換機が輻輳すると、その隣の交換機から輻輳中の交換機に向けた通話全体がつながりづらくなります。すると、輻輳中の交換機向けの受付処理で手いっぱいという事象が発生し輻輳が広がっていきます。最悪の場合は輻輳崩壊となり広範囲で通話ができなくなります。

注）チケット予約のための電話は、公衆電話では優先されません。

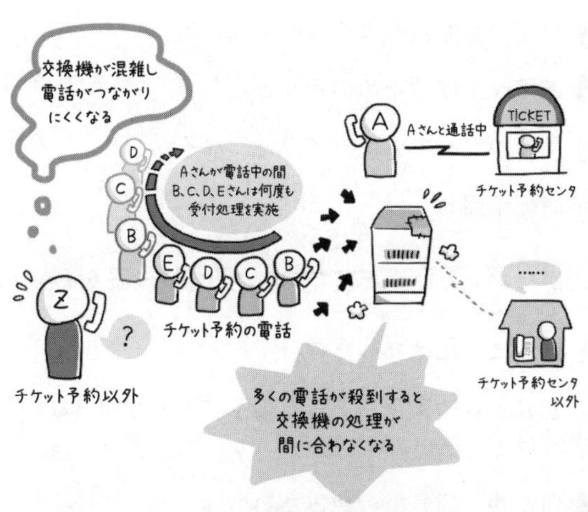

図　輻輳の発生例

えっ、そうなの？

これは、知っておかないと損だ。スマホを忘れて非常事態になったときに使えるので、真凛と「位置を確認しておこうよ」という話になった。父が「そういえば」と言って続けた。

お店などには、淡いピンク色のもあったけどね

淡いピンク？　それは何だか素敵な感じですね

お店の雰囲気もよくなりそうだね

運気を上げるための色かしら？

用事がなくても使ってみたくなるかもね

商売繁盛ね

色がピンクというだけで僕らの間で妙に盛り上がった。

ほかにも色はあったの？

昔は、青や黄色もあったのう。みんな知らないだろうけど

何だか、信号機の色みたい

でも、やっぱり“緑”がしっくりくるね。公衆電話ボックスは結構使ったよ

公衆電話ボックスは僕も見かけたことはある。透明な板で囲まれた中に、緑色の大型の電話機が設置されてい

る。電話機はもちろんプッシュボタン式だ。

なかなかいいんだよ。話している声が外に聞こえないし、雨が降ってきても大丈夫だし、特別な空間だった

自分と同じようなことを言っているなと思ったか、母が聞き耳を立てた。

ただし、家族に見られると気まずい雰囲気になる。なので、家から少し離れた電話ボックスがお薦めだ

気まずいって、どういうこと？

透明なボックスの中に入り四方八方から見られてでも電話をかける、というのは結構勇気のいることではないだろうか。そういう勇気のいる用件だ。父は困ってスルーした。

ただ、100円玉ではおつりが出ないというのが痛い。50円玉も使えない

そうなの？　バブル時代のつくりなのかな？

昔からそうだったね。なので、長く話をしたいときや遠距離にかけるときは、10円玉をたくさん用意して、急いで入れる必要があるんだ

母が「長く話をしたいときって何？」と聞いたが、父はこれもスルーした。

10円玉は、“ジャリン”といかにもお金が落ちたという音で落ちる。これが連続で早く落ちると、とてもドキドキするよ

ドキドキするのは、違う理由じゃないの？

100円玉が落ちるときの音はもっと響いて、もっとドキドキするんだ

この後、祖父が「少し休戦するか？」と、かりんとうの袋を広げた。少し太めのかりんとうだった。僕らは、「無料通話はドキドキしなくていいね」、「平和ね」と話しながら二つに割って食べた。

後日、公衆電話が気になった僕は、街の公衆電話ボックスに入ってみた。入るのには、少し勇気が必要だった。緑の電話機のコイン入れの下には、“100円は、おつりが出ません”と確かに書いてあった。受話器を上げて

10円玉を入れると、ディスプレイに10円玉のマークが一つついた。番号のボタンを押すと、そのたびに、“ピ”“ポ”“パ”といった不思議な音が鳴った。電話番号を伝えるトーン機能の音だった。もちろん、僕が電話するのは真凛だ。

……もしもし

もしもし、僕

未来？“公衆電話”と表示されたから誰かと思ったわ。びっくりするじゃない。いまど

で切れた。10円玉の通話時間はとても短かった。すぐにかけなおしたが、“ブツッ”という電話の切れ方が真凛の機嫌を悪くしたようで、お詫びにシュークリームを買って帰る羽目になった。でも、父がドキドキした理由がわかった気がして、少し可笑しくなった。ちなみに、緑の電話機の下のほうには110番や119番のマークもあって、“そのままダイヤルして下さい”と書いてあった。ダイヤルはもうないけど。

テレホンカードは思い出だね

家の会話にもどすと、公衆電話にはもう一つの特徴があった。“テレホンカード”というものだ。しばらくの休戦を経て、父が話を再開した。

おつりが出ないのが評判悪かったのか、公衆電話では、テレホンカードというプリペイドカードで電話をかけられるようになったんだ

いまでもまだあるかい？

まだありますよ。500円と1,000円のカードのみになりましたけどね

昔は、3,000円とか5,000円の高額のテレホンカードもあったのう。偽造カードが出はじめたから、ICテレホンカードというのも販売された

大きなビジネスでしたよね

父は少し席を外し、自分の部屋から昔のテレホンカードを何枚か持ってきてくれた。

切手と同じでプレミアムカードもあったんだ。これは、週刊少年サンデーの応募で当てた“らんま1/2”のテレホンカードだ。数万円ぐらいの値段がついたときもあったよ

すごいね。いまはどのぐらいの価値があるのかな

いまはほとんど価値がなくなってしまったけどね。でも思い出の品だ

マンガ好きだったのよ。“きまぐれオレンジ☆ロード”も好きで、愛莉が生まれたときには、“まどか”はどうかってしつこく言われたわ

父は結婚する際に、マンガも全冊処分させられたそう

だ。現在のDVDを大きくしたようなレーザディスクという映像用光ディスクも持っていて、こちらも処分対象だった。

わしは、阪神タイガースの優勝記念テレホンカードを2枚持っておる

おじいちゃん、阪神ファン？

違うが、後輩がわざわざ送ってきたのじゃ

21年ぶりの優勝のときですよね

そう、わしは関西にいたこともあってのう。その後輩と一緒に甲子園球場のナイターによく行った。芝生がきれいで、開放感が気持ちよくて、最高だった。いつも外野スタンドのほうでな。"カキーン"という音と同時に白球がゆっくり夜空に舞い上がって、スタンドの観客に吸い込まれてホームランになるんじゃ。でも、巨人戦では、阪神ファンと巨人ファンの境目あたりに球が落ちると微妙な感じになって、イエローとオレンジのメガホンの戦いになる……

話がどんどん逸れていったので、僕らは少し席を外すことにした。祖父の持ってきた黒糖まんじゅうを見つけたので、二つに割って、中身を確認しながら食べた。「かりんとうに少し似てるね」と話していると、舞さんが近くに来たので、公衆電話をどんなときに使ったか聞いてみた。舞さんは僕の叔母だが、まだ30代なので、"おばさん"とよばれるのをとても嫌がる。なので僕らは、"舞さん"とよぶ。

ポケベルですごく使ったよ

ポケベル？

公衆電話に女子高生の列ができたのよ。聞きたい？

聞きはじめると長くなりそうなので、舞さんにはあとでいっぱい聞くよと軽く断って、父のところにもどった。公衆電話の話はまだ続いていた。

そういえば、一時期、グレーの公衆電話もありましたね

データ通信ができるタイプじゃな

えっ、公衆電話でインターネット？

残念ながら、ISDN（アイエスディーエヌ）というやつじゃ

アイエスディーエヌ？

音声やデータなどを統一的に扱うデジタルネットワークのことじゃ

公衆電話を新しいネットワークにつないだの？

やや強引に入れた感があるのう。でも、公衆電話からデータ送信なんて、あまり流行らなかった

公衆電話はポケベルまでが全盛期で、携帯電話サービスの発展とともに、徐々に使用頻度が低くなり衰退していった。

公衆電話はいまでは大赤字じゃ

公衆サービスは赤字でもなかなか撤退できないですし、大変ですね

公衆電話の話が落ち着いてきた。しかし、公衆電話機の色がそんなにいろいろあるとは知らなかった。赤、青、黄、ピンク、緑、グレー……色は誰が決めたのだろうか、祖父や父に聞いてもわからなかった。

特殊番号って意外と面白いね

公衆電話の最後のほうに、長電話好きの母からなぞなぞが出た。

10円玉で何分でも話ができて、しかも10円玉がもどってくるサービスがある。なーんだ？

みんな首をかしげるだけだった。もちろん、公衆電話を使ったことがない僕にわかるはずがない。答えはフリーダイヤルというサービスだった。

えっ、公衆電話から使えたっけ？

もちろんよ。10円玉が必要だけどもどってくるの。ドキドキもしないわ

フリーダイヤルなら僕も知っているよ。0120ではじまる無料のやつでしょ

「無料というのはちょっと誤解があるな」と言って、祖父が仕組みを教えてくれた。実は、電話をかけるほうは無料だが、電話を受ける会社が電話代を払っている。普通の電話とは逆だ。お客は無料なので喜んで電話をかけるので会社の注文数は増える、会社は電話代を負担するがそれよりも注文で増える利益のほうが大きいので儲かる、というからくりだ。

0120ではじまる電話番号は特殊番号というのじゃ

特殊番号？

一般の電話番号は、東京23区だと03のように、地域ごとに決まった番号になっておる。一方、特殊番号というのは、地域性のない番号なのじゃ

でも、電話交換機がどこにつなげばいいか、困りますよ

よく気づいたのう。フリーダイヤルでは、電話交換機が困らないように、電話番号の変換をする“サービス制御装置”という装置を導入しておる

僕が0120ではじまる番号に電話をかけると、電話交換機はまずサービス制御装置にその番号を知らせる。サービス制御装置は、この特殊番号を一般の電話番号、すなわち、電話を受ける会社の電話番号、に変換して電話交換機に教える。その後のつなぎ方は、一般の電話と同じだ。

サービス制御装置は全国に一つなの？

複数あって、分散処理で対応しているのじゃ

この後、サービス制御装置の機能に関する祖父の難しい話が続いた。僕らは祖父の持ってきたおとぼけ豆を、「これはそのまま」とぼりぼりと食べながら、小さな声で復習をした。「分散処理って何？」、「複数の装置に適当に分けて処理するんだよ」、「適当って何？」、「地域ごとに分けるとか」、「ふ～ん」。そのとき、僕は特殊番号がほかにもあるのに気がついた。

0990ではじまる災害募金サービスをテレビで見たことがあるよ。電話すると100円ぐらいを募金できるサービス。特殊番号でしょ？

優しいサービスだわ

サービス総合デジタル網ISDNとは

いまさらISDN（Integrated Services Digital Network、サービス総合デジタル網）と思われるかもしれませんが、一般家庭にまでデジタル回線が入った最初の例ですので、説明しておきたいと思います。

パソコン通信などで、パソコンやサーバといったコンピュータ間でデジタル信号をやりとりする需要が生まれました。最初は、電話網を利用してその間の通信が行われました。電話網は発信者からのアナログ信号を受け取り着信者に伝えるので、送信コンピュータのデジタル信号はモデムでアナログ信号に変換する必要があります。デジタル化された電話網では、発信側の変換機でこのアナログ信号をふたたびデジタル信号に変換し、着信側の交換機でアナログ信号に変換します。着信者のモデムはこの信号をデジタル信号に変換して受信コンピュータに届けます。このようにアナログ／デジタル信号変換を複数回行うため非効率でした。

インターネットの普及とともに、家庭から直接デジタル信号を運ぶ ISDN が浸透しました（図）。ISDN の終端装置には、パソコンからのデジタル信号をそのまま受けるインタフェースと電話などのアナログ信号をデジタル信号に変換するインタフェースがあり、出力側では 2 つの通信チャネルを使ってデジタル信号を電話線に乗せます。各通信チャネルの通信速度は 64kbps で、モデムでは回線の状況により不安定だった通信速度が安定して向上しました。家庭からの電話線は ISDN 用の交換機に収容されますが、その先は電話と同じネットワークを用いています。

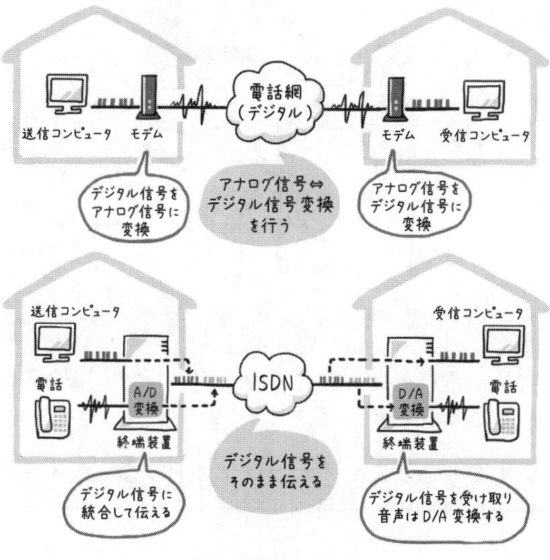
電話網
(デジタル)
送信コンピュータ
モデム
モデム
受信コンピュータ
デジタル信号を
アナログ信号に
変換
アナログ信号⇔
デジタル信号変換
を行う
アナログ信号を
デジタル信号に
変換
送信コンピュータ
電話
A/D
変換
終端装置
ISDN
受信コンピュータ
D/A
変換
電話
終端装置
デジタル信号を
そのまま伝える
デジタル信号に
統合して伝える
デジタル信号を受け取り
音声はD/A 変換する

図　電話網と ISDN

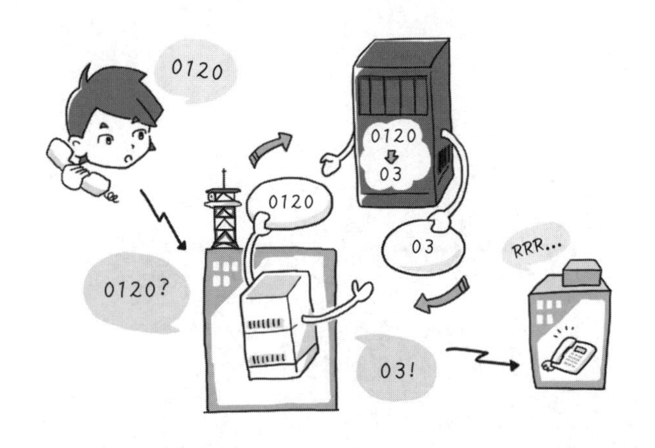

昔でいうダイヤル Q2（キューツー）じゃな。通信会社が電話代と一緒に募金を回収して、募金団体に払ってくれるサービスじゃ

いまでもあるんですね。僕にはトラぶったイメージしかないですけどね

ダイヤル Q2 が出た当初は、アダルト系の高額サービスや通信会社への料金詐欺等のトラブルが多発し、社会問題になったそうだ。父としては、ダイヤル Q2 というとそのイメージしかないらしい。

僕は、0180 ではじまるテレゴングという投票サービスを覚えているよ。テレビ番組のアンケートなどで使っていたね

テレゴングは、複数の選択肢に対して 0180 ではじま

る複数の電話番号を用意して、その番号に電話してもらい投票結果を集計するサービスだ。現在のデジタルテレビのｄボタンに相当する。

特殊番号を使った電話サービスは、僕らが思っていたよりも面白いことをやっていた。しかし、“ゴング”という名前は格闘技好きの人が考えたのだろうか。父や祖父に聞いてもわからなかった。

お客様対応って大変なんだね

特殊番号の話では、祖父の昔話が止まらなくなった。

特殊番号としては、1からはじまる3ケタの電話番号も重要じゃ。110や119などの緊急電話番号もあるが、番号案内の104などもあるぞ

番号案内サービスでは、“お店の名前はわかるが電話番号がわからない”などの問い合わせを、コールセンターというところで受けて対応する。祖母はそのコールセンターの一つで働いていたことがあった。しかし、電話業務の効率化とともに、コールセンターは都市圏以外の地域に集約化されていった。東京から104にかけると、遠方のコールセンター、例えば沖縄に接続して対応していた。お客は沖縄に接続されても料金は同じなので気にならない。一方、通信会社は通信費用が高くなるが、沖縄で土地や建物を確保するので、トータルとしては安く抑えられる、というわけだ。「時代の流れには逆らえない

のよ」と祖母が語りはじめた。

集約化が進んだから、その地域に異動するか、ほかの業務につくか、選択を迫られたのよ。そのとき、一徹さんが熱心に相談に乗ってくれたのよね

あのときは、みんな悩んでおったな

女性ばかりの職場でね。管理職は男性だったから大変だったのよ。お局様の反抗がすごくてね

真凛は“お局様”の意味を検索して、「怖いですわ」となれない発言でみんなの笑いを誘った。祖母が言うには、沖縄のコールセンターはかなり大きなもので、番号案内サービスを契機に沖縄にはそのほかのいろいろなコールセンターができたとのことだ。僕らはコールセンターの業務について聞いた。

全国の方言を聞き取るのは大変だね

方言の研修とかあるのかしら？

研修の有無に関しては誰もわからなかったが、代わりに、何度も聞いている祖父の話がはじまった。

でも、もっと大変なことがある。この時代から悪質なクレーマーが結構おってな

そうね、いたわ

クレームとなると管理職が対応することになる。案内された番号が間違っていたとか、言葉遣いが悪いとかなら誠実に謝れば済むが、わけのわからないクレームを何度も言ってくるやつがおる。これはこたえる

本当にこたえるのよ

当時コールセンターの管理職だったわしの先輩は、毎日胃薬を飲んで対応しておった。“自分はこの仕事に向いている。自分にはできる”と念じながらじゃ……

このため祖父は、「どんなことも、自分に向いていると思い込むと気が楽になる」という。本当だろうか。小さい頃から何度も聞かされたので、僕は“管理職”という言葉には“つらさ”しか感じない。また、僕は間違っても悪質なクレーマーにだけはならないようにしようと

心に決めている。

お客様対応の話を聞いていた父が、通信システムのエンジニアとしての経験について語り出した。

僕はトラブル対応になると、寝る時間も土日もなくなるよ

そうよ、食事会がいつもドタキャンなのよ

通信システムは24時間365日にわたりたくさんの人の生活を支えているため、トラブルがあるとすぐに解決する必要がある。このため父は、寝るときも必ずケータイを枕の横におき、休日もメールのチェックを欠かさない。昔はお風呂に入っているときが最も緊張したそうだが、最近では端末が防水対応になってゆっくりできるようになったとのことだ。

でも、こんな僕を支えてくれる瞳には感謝しているよ。ありがとう

仕事とはそういうものよ。忙しくても、幸せならそれでいいのよ

最後はちょっと照れる展開になって、電話の話は終了した。僕らは、「理系は大変そうだね」、「幸せならそれでいいのよ」、「僕は幸せになれるかな」、「もちろんよ」などと話し合った。

第2話

アイドルで急変

—メタルシルバーと赤—

舞さんは僕の家によく遊びに来るので、家族写真の中にもよく登場する存在だ。真凛のことも妹のようにとても可愛がっている。職業はプログラマーなので、いつもノートパソコンを持ち歩いていて、パソコンをさわりながら会話をすることが多い。キーボードをすごい速さで打つことはよく知っていたが、“早打ちの舞”という異名もここから来たのだろうか。僕らの年齢の頃の話なので、真凛が聞きたくてうずうずしていた。父の公衆電話の流れでポケベルの話になり、「女子高生の列ができたのよ、聞きたい？」あたりから、舞さんもスタンバイ状態にあった。電話の話が一段落した後、舞さんに祖父の近くに座ってもらい、高校生時代のことについて聞いた。

舞さんって、ガングロ世代だったの？

それはちょっと後ね。私は広末涼子の世代よ

バッチグー世代なの？

？　そんな世代ないと思うけど……

僕らはそのぐらいしか知らなかったので、「バブル世代のだいぶ後だよね」、「そうそう」で落ちついた。僕らは、さっそく“早打ちの舞”伝説について聞いた。

高校生のときは、“早打ちの舞”ってよばれていたんでしょ？

懐かしいわね、姉さんに聞いたの？

何を早打ちするの？

公衆電話のテンキーよ。ポケベルにメッセージを送るのよ

（その1）固定から携帯へ

女子高生の早打ちにびっくり

僕らはそもそもポケベルを知らないので、どんなものかを舞さんから教えてもらった。ポケベルはポケットベルの略語で、受信専用の小型の携帯端末だ。舞さんの時代、端末の番号は普通の電話と同じく、都内23区では03からはじまる番号だった。トーン式の電話機から、ポケベルの端末番号に続いてメッセージを入力すると、ポケベルのディスプレイにそのメッセージが表示された。表示可能なメッセージは、連絡してほしい電話番号などの“数字”だけの時代もあった。

最初はおもに緊急連絡用だったみたいね

出張先などで電子音とともにポケベルに連絡を受けると、ディスプレイに表示されている電話番号に公衆電話から電話をかける、というスタイルだった。父が「僕も、トラブル対応のために一時期持たされたよ」と懐かしんだ。

私の少し前の世代では、数字の語呂合わせで連絡をとる手段として使われたの。例えば、ポケベルに

“1056194”と表示されたら、“いまから行くよ”という意味だった。でも、私のセンスには合わないかな

ポケベルでも世代があるようだ。父が、その頃には“ポケベルが鳴らなくて”という歌があったとか、“裕木奈江”という女優がいた、という話をした。母がなぜか少しむっとした感じになった。

でも、私が高校に入学する頃には、カタカナやアルファベットも表示できるようになったの

舞さんはノートパソコンでネット検索して、当時のポケベルを見せてくれた。ポケベルはおもちゃのような小さな端末で、ディスプレイにはカナでメッセージが表示されていた。

カナは読みづらいね

でも、当時は画期的だったのよ

メッセージもこれで打てるの？

ポケベルは受信専用なのよ。だから、公衆電話でメッセージを打つの。電話機がトーン式でないと打てないから、家からはだめだったわ

公衆電話でメッセージを打つって、どういうこと？

公衆電話のテンキーで、カタカナに対応する数字の組み合わせを入力するの。例えば、“12 12 83 41

04 51”と入力すると、ポケベルには“イイユダナ”と表示される

当時の女子高生達は、“数字の組み合わせとカナの変換表”を見ながらテンキーを打ったそうだ。

でも、よく使う女子は変換表を丸暗記していたのよ。私なんかは、ブラインドタッチでテンキーをたたけたわ

何だかすごいわ

公衆電話にはいつも女子の列ができていて、このポケベル打ちを速攻でできると、尊敬されたのよ。メッセージは何度かやり取りするからね

それで、早打ちの舞なんだね

そうよ。私より早い人はまわりにいなかったわ

このポケベルのメッセージ入力機能は、いまでは原始的ともいえる。しかし、この機能を巧みに使いこなした舞さんや当時の女子高生達はすごい。この時代の人達はいまでもポケベル打ちができるのだろうか、だとしたら僕らには理解できない秘密の会話もやりやすいに違いない。ところで、舞さんの年代にとっては、ポケベルといえば広末涼子だそうだ。広末涼子の話になると舞さんはいつもテンションが上がる。

私と同い年だからね。ポケベルのCMで一躍有名

になったのよ。それ以来、彼女を追いかけると通信業界の動向がわかるようになったの

広末涼子も早打ちだったのだろうか、想像すると少し可笑しくなった。この後、「ポケベルの仕組みも知っておかんとな」と言って祖父が教えてくれた。

まず、舞が公衆電話でポケベルの端末番号を入力すると、電話のネットワークが公衆電話をポケベルのメッセージ処理装置に接続してくれる

ここまでは電話の話だね

次に、舞が公衆電話の数字ボタンを押して“ピ”“ポ”“パ”という音でメッセージを送ると、メッセージ処理装置はその音を受けて、文字のメッセージに変換する。ここで、舞は電話を切る

10円玉が落ちる前にここまでを終えないとだめよ

次に、メッセージ処理装置は、変換されたメッセージをポケベルのネットワークに送る。その後、基地局から無線でポケベル端末にメッセージが届くのじゃ

基地局って何？

ポケベル端末と無線通信を行う設備のことじゃ。アンテナが立っているから、すぐわかるぞ

舞さんは「いまはもう見かけないけどね……」と言いながら、ポケベルの基地局の写真を検索して見せてくれ

	1	2	3	4	5	6	7	8	9	0
1	ア	イ	ウ	エ	オ	A	B	C	D	E
2	カ	キ	ク	ケ	コ	F	G	H	I	J
3	サ	シ	ス	セ	ソ	K	L	M	N	O
4	タ	チ	ツ	テ	ト	P	Q	R	S	T
5	ナ	ニ	ヌ	ネ	ノ	U	V	W	X	Y
6	ハ	ヒ	フ	ヘ	ホ	Z	?	!	−	/
7	マ	ミ	ム	メ	モ		&		☎	
8	ヤ	(	ユ	)	ヨ	*	#		♥	
9	ラ	リ	ル	レ	ロ	1	2	3	4	5
0	ワ	ヲ	ン	゛	゜	6	7	8	9	0

た。ところで、“ポケベルのネットワーク”というのは、非常にざっくり言うとインターネットに似ているそうなので、ここでの説明は省く。

この後、僕らは少し休憩することにした。舞さんが持ってきたわらびういろを見つけたので、包みを開けてみた。ナイフで二つに切って、「こういううういろもあるんだね」、「おいしいね」と話しながら、舞さんの時代を振り返った。僕らは、「昔の女子高生はよくそういうの使ったよね」、「“昔”はひどいんじゃない」、「僕だったら使ったかな？」、「私と一緒だったら使ったかもよ」、「そうだね」、「うふふ」などと話し合った。

ピッチで年齢がわかるんだね

ポケベルの話が終わると、父が「僕には、舞ちゃんは

PHS（ピーエッチエス）のイメージがあるけどね」と言いながら、自分の部屋に何かを探しに行った。舞さんによれば、PHS 端末は発信もできる携帯端末で、高校生時代に大ブレークしたそうだ。端末の番号は 070 ではじまる番号だった。「あったよ、これこれ」と父が昔の PHS 端末を持ってきてくれた。細長くて、家の子機と同じような小さな角がついていて、色はメタルシルバーだった。

おもちゃのように軽いね

でしょ？　軽量でバッテリーの持ちもよくてね

舞さんのも色はこんな感じだったの？

私のはもっとおしゃれよ。でもこの色はよく見たわ

この端末で、どこでも電話ができるようになったんだね？

そうよ。歩きながら電話できるのがとてもおしゃれで、ポケベル打ちでメールを打てるのも好きだったわ

メールもポケベル打ちなんだね

メールといっても簡易メッセージだけどね。PHS 端末は同級生の間では“ピッチ”とよばれてたの。いまでは、それで年齢がわかる

ふっと笑った舞さんの顔に、昔の女子高生時代の面影が漂った。僕らと重なって、少し不思議な感じがした。

女子高生はピッチの使い方が激しかったから、通信会社にも可愛がられたの

舞さんは友達と一緒にピッチのモニターとして参加したそうだ。雑誌の取材を何度も受けたことがあると聞いて、真凛が興味を示した。

モニターって何をするの？

新しい端末を試しで使ってみて、感想や改善点を伝える役なの。通信代はタダだから、いろんなところで試してみるというのが大事ね

面白そうね

新しいサービスなんかも提案したわ。詳しくは守秘義務があるから教えられないけど

でも、誰に電話してたの？

それも、守秘義務なのよ

“守秘義務”というのは舞さんの決まり文句だ。本当に言えない場合だけではなく、言いたくないときにも使う傾向がある。

雑誌に写真が載ったりもしたの？

もちろんよ。でも、友達のほうがいつも大きいのよ。トークがイマイチだったかも。ビジュアルはよかったんだけど

舞さんはノートパソコンで検索して、その当時の雑誌の写真を見せてくれた。全体がはねたようなヘアースタイルで、だぶだぶの白いソックスをはいていた。僕にはちょっと微妙だったが、真凛は「舞さん、可愛い」と持ち上げた。「ほかの写真もあったんだけどな……」とにこにこしながら舞さんは検索に夢中になった。

KEYWORD

PHS：Personal Handy-phone System、パーソナルハンディホンシステム、愛称はピッチ

ピッチとケータイどう違うの

舞さんは検索に満足すると、自分の持ってきたバームクーヘンをスライスしてくれた。祖父のために一週間前から注文して、神戸から取り寄せたものだった。僕らは

「しっとりとしておいしいね」とほおばりながら、父にもピッチの使い方について聞いてみた。

データ通信用としてかなり長い間使っていたよ。当時は、ピッチの通信速度はかなり早くてバッテリーの持ちもよかったから、重宝したな

電話の音質もよかった気がするわ

携帯電話とはどう違うの？

電波の強度が弱いみたいよ。だから、いろんなところにピッチの基地局を立てる必要があるの。公衆電話ボックスの上なんかにもあったわ

僕らが「基地局ってピッチと無線通信を行う設備のことで、アンテナが立っているんだよね」と確認していると、祖父がすかさずネットの話をしはじめた。

基地局からはISDN回線でPHS用接続装置に接続されるのじゃ。PHS用接続装置は電話と同じデジタル交換機につながっていて、あとは電話と同じじゃ

でも、ピッチはいろんなところに移動するよね。どうやって端末の位置を見つけて接続するの？

PHS端末の位置は、最寄りの基地局のアンテナで検出されて、PHS用のサービス制御装置に登録されるのじゃ。PHS端末番号と基地局を対応づけた形で登録される

サービス制御装置というのは、フリーダイヤルのとこ

ろで説明したように、番号変換などをしてくれる装置だ。

ピッチが移動するたびにサービス制御装置に登録しているんだね

そうじゃ。070 ではじまる PHS 端末番号にかけると、交換機はその PHS 端末の最寄りの基地局の情報をサービス制御装置に聞きに行く。基地局の情報は電話番号と同様の形で伝えられるので、その後の接続は電話と同じじゃ

ずいぶん凝っているんですね。頑張ってつくったのに、なぜいまは流行ってないのかしら？

すでにあるネットワークに相乗りする方式は、携帯端末を急速に普及させるという点ではよかった。だが、一つの基地局のカバーエリアが狭くて、移動する際に通信が切れたり、提供エリアが限られたりして、移動性という点でイマイチだったのじゃ

通信が切れるのはいやですね

そして最後は、通信速度も携帯電話に追いつかなくなったのじゃ

ピッチの話が一段落したので、僕らと舞さんはバームクーヘンに合う紅茶を探しに行った。アッサムに決めて、お湯を注ぎながら、舞さんは言った。

ピッチは電波の強度が弱くて済むから、現在でも病院などで使われているそうよ。病院に行ったときは、

お医者さんのポケットをよく見てみてね

病院まで行っても、端末がピッチなのかケータイなのかわかるかな？

端末の色はいまでもメタルシルバーが多いみたいよ

メタルシルバー色のケータイはいまどきないだろうから、すぐわかるかもしれない。そう考えていると、電波の強弱という話が気になったらしく、祖母が会話に加わってきた。

家の近くの電柱に無線のアンテナが設置されたことがあったわ。何の事前連絡もないのよ。おじいちゃんに聞いたら、PHS のアンテナだって

電柱にアンテナってありなの？

お母さん、昔から電波にはうるさいからね

電線は目に見えるけど、電波は見えないからね。“電波が強い”ことが健康にどのぐらい影響するかなんて、誰も教えてくれないのよ

それで、どうしたの？

どうしても気になるから、本当に安全なのか何度か電話してみたわ

そしたら、急にアンテナが撤去されたのよね

そうよ。でも、これも事前連絡なしだったのよ。もう一度電話しようかとも思ったけど、こらえてやめたわ

祖母は最近では、携帯電話の基地局がどこにあるのかが気になっているようだ。祖母のような人はほかにもいるだろうから、基地局の設置を事前連絡しても、相当にもめるのではないだろうか。こういう交渉は誠実に対応することが大切で、こじれたときは管理職が担当することになるんだろうな、などと僕は想像した。

KEYWORD

ケータイ：携帯電話の略語。ガラケーはガラパゴス・ケータイの略語。

ケータイの進化が止まらない

紅茶を飲んで一服すると、舞さんは「そして本命がやってきたのよね」と言って、話を携帯電話に移した。携帯電話は端末の軽量化やバッテリーの改良が進み、移動時に通信が切れることがなく提供エリアも広いことなどから、一気にピッチを駆逐した。携帯番号の最初の3ケタは、舞さんの若いときは090で、途中から080が加わった。携帯電話は、いまでは“電話”を取って“ケータイ”とよばれることが多い。

いつの間にかやられたという感じね

やられた？

ピッチは女子高生が引っ張ったんだけど、携帯電話は大人な感じだったのよ

女子高生も大人にのせられただけなのでは、という気もしたが黙っておいた。

でも、i-mode（アイモード）がでたとき、ヤバいと思ったわ。携帯電話でインターネットができるようになったのよ、画面は小さかったけど

いまに近くなってきたんだね

しかも、広末涼子がこのCMに登場したのよ。ピッチを飛ばして

舞さんはこのCMに愕然として、その後、しばらくピッチとケータイの両方を持つことになったそうだ。

そして、写メが出てきて、もうアウトよ

写メって何？

写真をメールで送る機能よ。まだ死語じゃないと思うわ。カメラが携帯電話に付いたところが大きかったの

いまではカメラのないのは考えられないね

昔は解像度が悪くて。でも画期的だった。ただ、瞳姉さんに勧めたら、契約形態を知らずに写真をがんがん送って、とんでもない料金になったことがあるのよ

姉の愛莉は海外で携帯メールを使ってとんでもない料金になったことがある。後日、不意打ちで請求されるので、真っ青になるらしい。いまでは注意喚起の表示が出るから少し安心だ。

舞さんはふっと笑って、話を続けた。

でも、広末涼子だからね。仕方ないわ。ちなみに彼女の出身は高知。四国のどの部分かわかる？　最も太平洋に面していて、坂本龍馬で有名な県よ。龍馬記念館の屋上から見る海は最高で、いかにもクジラがいそうな感じなの。海といえば、“海がきこえる”の舞台も高知。川も、最後の清流の四万十川があるの。食べ物は、カツオのタタキに清水サバの刺身、土佐文旦っていうふわふわの皮がついた……

あまり興味を持てない話になってきたので、真凛と一緒に頷きつつも、母にケータイについて話を振ってみた。

進化が早いから、端末がいつの間にか時代遅れにな

るのよね。私のなんて、ガラケーなんてよばれてる。ガラパゴスよ、世界遺産の

ガラパゴス諸島はエクアドルの遠く西にある島で、いままで大陸とつながったことがないらしい。このため、独自の進化を遂げた奇妙な生物が多く存在する。ガラケーとはガラパゴス・ケータイの略で、日本で独自の進化を遂げたケータイを揶揄してこうよびはじめた。いまでは、スマホじゃない端末をこうよぶことが多い。僕は、ガラパゴスよりもイースター島に行ってみたいと思っている。イースター島はガラパゴス諸島よりも大陸からずっと西側にある孤島なのに、文化の香りがする神秘的な場所だ。

でも、ガラケーがお気に入りなんだよね？

そう、この折り畳み式は、開けるときの“スチャッ”という音がいいのよ。電話もかけやすいし、スマホ

よりも断然こっちのほうがいいわ

真凛が「うちの母もガラケーですよ。使いやすいですよね」とすかさずフォローした。母はにっこりとして、自分の好きなマロングラッセを真凛に勧めた。

ハンドオーバーが鍵なんだね

真凛の代わりに僕がマロングラッセの袋を剥くのに手間取っていると、祖父が「わしは、栗きんとんのほうが好きじゃ」と言いながら、ケータイのネットワークについて教えてくれた。

携帯電話の基地局は、PHSよりもかなり広い範囲をカバーしておる

携帯端末と基地局のセットだよね。慣れてきたよ

携帯電話のネットワークは、サービスの発展とともに変わってきた。現在では、基地局からは無線ネットワーク制御装置という装置につながり、ここで電話とインターネットに分けられるのじゃ

電話とインターネットって、すぐに別になるのね

そうじゃ。その後、電話は携帯電話用の交換機、インターネットはルータという装置に接続されるのじゃ

インターネットのほうは、「専門家の優が来てからの

ほうが正確じゃ」という話になって、電話のほうを教えてもらった。

PHSと同様に端末の位置情報を持っているホームメモリーという装置があって、携帯電話の交換機と連携してつないでくれるのじゃ

でも、車で移動していても切れないよね。どうして？

基地局と携帯端末との電波状態が悪くなると、複数の基地局で携帯端末を追いかけて、電波の強いほうに切り替えていくのじゃ。ハンドオーバー技術とよばれておる

新幹線の中でも切れないって聞いたよ。すごい技術だね

技術の進歩というのはすごいもんじゃ

僕はさっきの災害時の話を思い出して、念のために聞いてみた。

災害のときに携帯電話がつながりにくいのは、固定の電話と同じ理由なの？

そうじゃ。携帯電話も固定電話と同じ座席制になっておる。混んでくると、全体がパンクしないように電話の受付を抑えるのじゃ

早打ち伝説からはじまった携帯通信の進化の話に満足した僕らは、少し席を外してコーヒーを入れることにした。豆を挽くのは僕の担当、お湯を注ぐのは真凛の担当

と決まっている。豆の種類を何にするか迷ったが、真凛と名前が似ているマンデリンにしておいた。お湯を注ぎながら、僕らは復習した。基地局と携帯端末の間のつながりに関しては、「電話線もないのに声が伝わるのは不思議だわ」、「電波って目に見えない波みたいなものなんだ」、「ふ〜ん」、となった。もう少し勉強しておいたほうがよいと思うので、別欄の解説に任せることとしたい。

(その 2) インターネット時代へ

僕らがつくったコーヒーがサーバに入り終わる頃、家のチャイムが鳴って、優さんといとこの心君がやってきた。母のメールが効いたのか、遅れたこともあってか、優さん親子はお菓子の袋をいっぱい抱えていた。優さんは土日でも研究会に参加することが多く、今日は講演会があって遅れてしまったとのことだった。心君は家で待っている間、少し先の夏休みに備えて自由研究のテーマを考えていたそうだ。なぜかしょんぼりしているので、「元気ないね、どうしたの？」と聞くと、小さい声で答えた。

研究テーマが、まだ見つからないんだ

夏休みのはじまりが研究のはじまりじゃないからね。早くしないと時間がすぐになくなるんだ

なかなか厳しい親子だ。母が「まあ、座って」と二人に席を勧めて、心君にはじゃがりこの箱を渡した。心君は少しにっこりとして、箱を開けて川口春奈のCMのように食べはじめると、いつもの元気が出てきた。家での様子を聞くと、タブレットで調べ物をしていたという。優さんも小さい頃は似たような感じだったのだろうか、僕は知りたくなって聞いた。

優さんは、小さい頃からパソコンを使ってたの？

そうだね。物心ついた頃から使ってたよ

一徹おじいちゃんがパソコン好きだったので、それが幸いして優さんもいろいろな種類のパソコンに触れることができたそうだ。

パソコンが好きだと、次にインターネットにはまるんだよね。優さんもそうだったの？

僕は、まずパソコン通信にはまったんだよ

解説 基地局と携帯端末間の無線技術その1

携帯端末と基地局の間は、電波を使って通信を行います。電波は目に見えませんが、電波の仲間である可視光は目に見えます。可視光を使った通信はいたって簡単、手にライトを持ってスイッチで光を強／弱と切り替えることを想像してください。光の「強」／「弱」でデジタル信号の「1」／「0」を表現すると、光の「強弱強」はデジタル信号の「101」になります。このような対応づけにより、離れた場所からライトの強弱を観察することで「強弱強」から「101」と情報を受信することができます。電波も同様に強弱を使ってデジタル信号を伝えることができます。これを振幅変調方式とよびます。

また電波が持つ位相という特徴を用いた位相変調方式があります。電波は「波」として伝わりますが、この波は針が回転する動きと関連させて表すことができます。出発点を0°とすると、針が90°回ると最も高く、180°でゼロに、270°で最も小さく、360°で元に戻ります（a図）。基本となる電波の位相を0°としたとき、180°位相がずれた電波を図に示します（b図）。この位相の特性を利用し、位相0°の電波で「1」を、位相180°の電波で「0」を表現します。このとき、「位相0°位相180°位相0°」は「101」となります（c図）。受信する側は位相の変化を見ることでデジタル信号を受信することができます。ここで、電波は同じ位相の電波と重なると強くなり、180°異なる位相の電波と重なると弱くなるという性質があるため、受信側で位相0°の電波を重ねることで電波の強弱が強調され、信号「101」を受信しやすくなります（d

図）。

さらには周波数の異なる電波でデジタル信号を表現する周波数変調方式があります。携帯端末と無線基地局との間ではこのようにデジタル信号を電波に変調して乗せることで情報を伝えます。無線を使ってより大容量のデータを運ぶために、より効率的な変調方式がいまも研究開発され続けています。

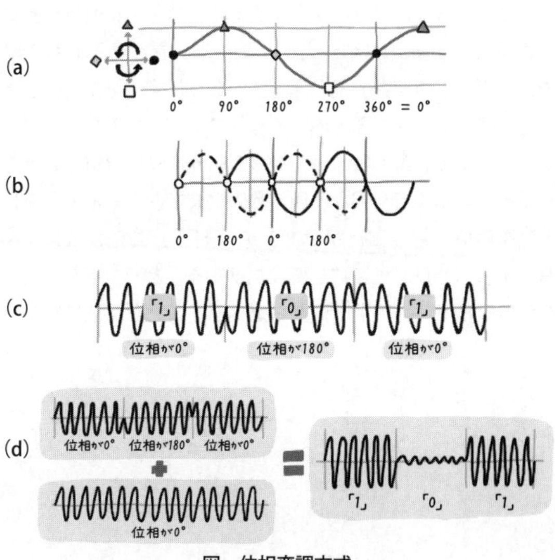

図　位相変調方式

解説 基地局と携帯端末間の無線技術その2

複数の携帯端末が同時に一つの無線基地局との間で通信するための仕組みについて説明します。複数の端末が同時に電波を発信すると、それぞれの電波が混ざり無線基地局は正常にデータを受信することができません。これを混信とよびます（a図）。では混信を避けるためにどうすればよいのでしょうか。

一つには、それぞれの携帯端末が信号を出すタイミングを相互に重ならないようにずらすことで混信を防ぐ時分割多重方式があります（b図）。もう一つには、異なる周波数の電波を利用する周波数分割多重方式があります。可視光に例えると、周波数が異なると赤、青などの異なる色の光となります。異なる周波数の電波は重なっても元通りに分離できる特徴がありますので、異なる周波数の電波を使うことで同時にデータ通信を行うことができます（下図）。このように、時間をずらしたり、周波数を変えたりすることで、複数の利用者が無線基地局との間で同時に通信することが可能になります。

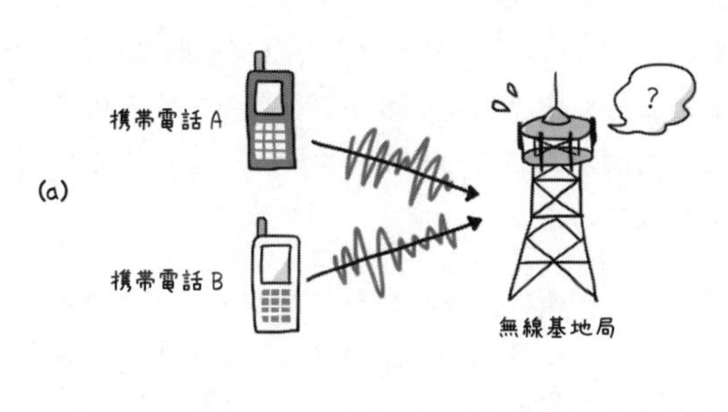

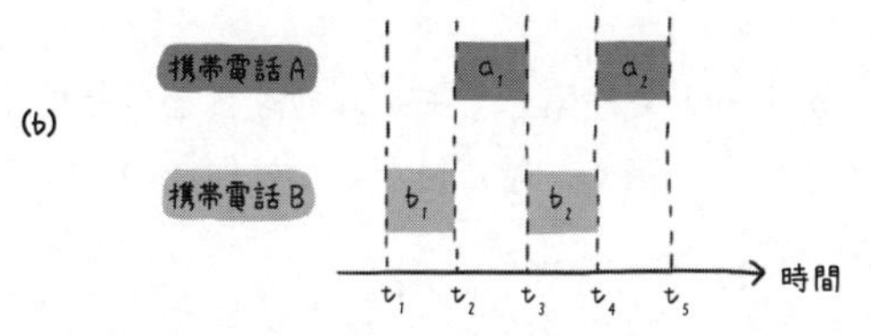

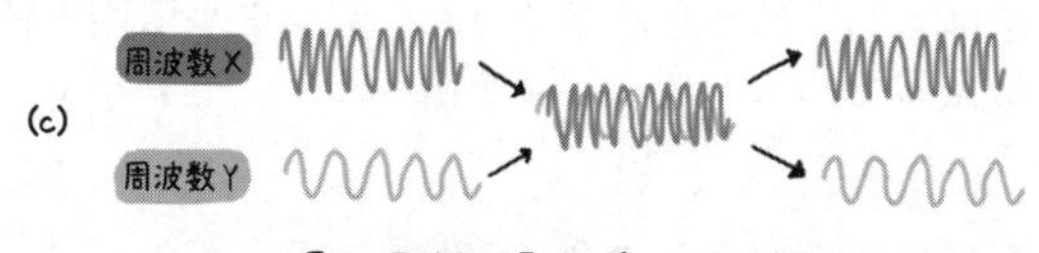

異なる周波数の電波は重なっても分離できる

図　時分割多重と周波数分割多重

パソコン好きだとどうなるの

優さんは入れたてのコーヒーに気づいて、「ちょっと待ってね」と言って、自分のマグカップを取りに行った。海外出張に行くたびにマグカップを買ってくるので、僕の家にも何個かおいてあった。コーヒーをつぐと、優さんは話しはじめた。

パソコン通信は、パソコンで電子メールやチャットをするサービスなんだ。パソコンはモデムで電話線につなぐんだよ

舞さんがネットで検索してモデムの写真を見せてくれた。小さな平たい箱で、見た目だけでは何なのかよくわからなかった。

パソコンは文字などの情報を“0”と“1”で表現するデジタル機器だけど、当時の電話のネットワークは音しか伝えられなかった。デジタル情報を音で伝えるために、変換装置を置くんだ。それがモデムさ

音で情報を伝えるの？　何だか遅そうだね

でも、最適の通信速度になるように交渉する機能などがあって、頑張ってはいたんだ。“ピーヒョロロ”といった音で通信速度を交渉した後に、情報を流しはじめる

パソコン同士で直接通信するの？

パソコンからプロバイダのサーバに接続するんだ

プロバイダというのはパソコン通信サービスを提供する事業者のことで、サーバというのはサービス提供のためのコンピュータのことだ。パソコン側とサーバ側の両方にモデムが必要になる。真凛が「どうしてサーバってよぶの？」と優さんに聞いたが、「クライアントサーバ方式という役割分担があって、サーバのほうだからだよ」、「クライアントって何？」、「ユーザのほうだね」、「ふ〜ん」といったやりとりで一応落ち着いた。僕は最も気になっていた点を聞いた。

インターネットとどう違うの？

パソコン通信では、同じプロバイダと契約しているユーザの間でしか通信できなかった。ほかのプロバイダとはつながらなかったんだ

ちょっとオタク的な感じだったよね

優さんと舞さんは、「ポケベルのほうが変な世界だよ」、「使ったこともないのにやめてよね」、「そっちもパソコン通信やったことないだろ」、「兄さんがいつも一人占めしていたからでしょ」などと少しもめた。真凛が質問した。

ところで、チャットって何？

メッセージをリアルタイムで時間順に表示するサー

ビスさ。グループでのやり取りもできるし、1対1のやり取りもできる。同じ趣味を持つ人同士でチャットしたんだ。僕の場合は、パソコン関連の技術的な質問ばかりしていたね

わかるわ〜

文章だけだから、うまく伝えるのが難しいんだ。でも、わかりやすい文章を書く人もいてね、あれは才能だね

その後、優さんと舞さんは「チャットで言い合いになったときは最初に切れたほうが負けだ」、「兄さんは切れたことあるの？」、「僕はいつも紳士だからね」、「あはは」などの会話が続いた。

インターネットって要するに

僕らは優さんの持ってきたお菓子が気になったので、少し席を外して見に行くことにした。おいしそうなミルフィーユを見つけたので、真凛が母の分を切り分けて母に出し、僕らの分は僕が切り分けた。僕らは「これおいしいね」と優さんに感謝しながら、インターネットの話を聞いてみた。

インターネットって、定義がよくわからないんだよね

インターネットの本来の意味は、ネットワークとネットワークを相互に接続したものということさ。最初の頃は草の根のネットワーク同士をつないで全体のネットワークができたから、そういう言い方をしたんだ

何だか難しいね

そこでは、インターネットプロトコル（IP）というプロトコルを使って通信をしていたんだ。プロトコルとは通信における手順や約束事のことだよ

要するに、インターネットプロトコルを使っているネットワークをインターネットとよべばいいんでしょ？

まあ、ざっくり言えば、そういうことだ

舞さんと優さんは、「最初からそう言えばいいじゃない」、

「歴史も重要なんだよ」、「回りくどいのよ」、「でも最初の説明がないと“インター”の意味が伝わらないだろ」などでもめた。話は続いた。

そういうネットワーク同士を接続するプロトコルができたから、パソコン通信のようなプロバイダ内に閉じたものではなく、誰とでも通信ができるようになったんだ

どういうプロトコルなの？

端末を識別するために、電話番号ではなく、IP（アイピー）アドレスを使うんだ。ちょっと難しいけど、123.45.67.89 みたいに、0 から 255 までの数字をドットで区切って 4 つ並べた形で表現される

何だか難しいよ。電話みたいに地域ごとに分かれてるの？

いや、ざっくり言うと、申請順に決めちゃったんだよね

少し沈黙があって、僕らは「妙に緩いのね」、「さすが草の根だね」、「それが世界中に広がっちゃったのよ」、「大丈夫なのかな」などと少し混乱したが、続きを聞くことにした。

どうやって相手までつないでくれるの？

IP アドレスを理解するルータという交換機みたいな装置が連携して、相手の端末までつないでくれる

んだ

電話交換機のように、加入者ルータや中継ルータがあるの？

そうだね。ルータの場合は、エッジルータやコアルータとよぶことが多いね

でも、IP アドレスが地域ごとじゃないから、コアルータの選び方が難しいね

経路を選ぶための経路表をつくるプロトコルを使うんだ。一つのネット内のプロトコルと、ネット間のプロトコルがある

ふ〜ん

優さんによれば、電話交換機では経路表を人がつくって交換機に入力していたが、ルータでは経路表はプロトコルにより自動的につくられるそうだ。

そういうネットワークの基礎ができあがって、例えば、異なるプロバイダ間で電子メールのやり取りができるようになったんだ

私の感覚では、インターネットという言葉を意識したのは、ウェブによる情報提供が流行り出してからね

電子メールは、メールアプリを立ち上げて、宛先欄に xxx@nifty.com といったメールアドレスを入力し、伝えたい内容を書いて送る通信アプリだ。ウェブ（Web）と

はWorld Wide Webの略で、ネット上で文字、写真、ビデオなどを公開したり閲覧させたりするためのシステムのことだ。ウェブにアクセスするには、パソコンにウェブブラウザというソフトウェア（Internet Explorerなど）をインストールする必要がある。ウェブブラウザを立ち上げて、左上のバーにwww.nii.ac.jpといったウェブのアドレスを表す文字列を打ち込むと、そのアドレスで公開されている情報を見ることができる。ウェブのおかげでいろいろな情報がとても簡単に入手できるようになった。

でも、メールのアドレスやウェブのアドレスは気にするけど、IPアドレスは気にしたことないよ

IPアドレスへの変換を自動的にしてくれる仕組みがあるんだ。だから、僕らは普段意識しないで済む

へー、どういう仕組みで変換するの？

たくさんのドメインネームシステムという装置が、メールやウェブのアドレスとIPアドレスとの変換を行ってくれるんだ

ドメインネームって何？

ドメインネームとは、メールアドレスの@以降のnifty.comやウェブアドレスのwww.nii.ac.jpといった文字列の部分のことさ。個々にサーバがあって、個々にIPアドレスを持っているんだ。ドメインネームは階層化されているから、ドメインネームシステムの仕組みも階層的になっているんだけど……

どんどん難しくなってきたので、僕らは優さんに図を書いてもらいながら説明してもらった。要するに、インターネットはいろいろな装置が連携して動いている。詳細は別欄の解説を見てほしい。

譲り合ってみんながつながる

僕らは少し復習することにした。優さんが海外の免税店で買ってきたチョコビスケットを見つけたので、二つに割って食べながら話し合った。僕らは「ウェブってなかなか情報が出ないときがあるよね」、「でも全くつながらないことはあまりないわ」、「そういえば、電話はいったんつながると会話の途中で品質が悪くなったりしないね」、「雑音が入るときがあるわよ」、「それはそうだね」と混乱したので、優さんに聞いてみた。

電話の場合は、会話をする前にまずそのための座席を確保するんだ

おじいちゃんに聞いたよ

それはよかった。いったん席を確保できると、誰にも邪魔されることなく会話し続けることができる。無言の時間でも座席はずっと確保されるんだ

いわゆる早い者勝ちだね

雑音が入るのは、電話線や電話交換機のどこかに不具合がある場合だ。ネットが混んでいるからじゃないよ

僕らは、「そういえば、片方向しか声が聞こえないこともあるわ」、「そういうのも不具合なんだね」などと“不具合”の意味を解釈した。優さんの話は続いた。

一方、インターネットにはその座席確保がないんだ。通信データにIPアドレスを付けて、小包のようにしてネットに詰め込むんだ

通信データって何？

文字、写真、動画などだよ。例えば、パソコンのウェブブラウザは、ウェブシステムとの間でそういったデータをやり取りして、パソコンの画面に表示しているんだ

メールも、パソコンのメールアプリとメールサーバとの間で文字や添付写真といったデータをやり取りしているのよ

ネットが混んできたら、どうなるの？

途中のルータで通信データを捨ててしまうんだ。でも、パソコンやサーバ側では、それに気づいて、もう一度送ったり送信速度を落としたりするためのプロトコルがある

またプロトコルが出たよ

なので、混んできても、通信速度は落ちるけど、みんなでネットを共有し合えるようになっているんだ。このプロトコルはTCP（ティーシーピー）といって、IPとセットでとても重要だ

インターネットは意外と高度な仕組みで動いていた。僕らは、「インターネットは災害時には譲り合うんだね」、「譲り合いは好きよ」、「僕たちみたいじゃないか」、「うふふ」などと喜んだ。

TCPの話の後、優さんが貧乏ゆすりをはじめたので、舞さんがあわてて言った。

さあ、そろそろ、兄さんがギアチェンジするわよ

メールもウェブもTCPを使ってそのアプリが動いているんだ。メールはTCPの上で、送信はSMTP、受信はPOP3といったプロトコルを使っている。ウェブはTCPの上で、HTTPというプロトコルを使っていて、この文字列は見たことあるよね。最近では、データを安全に運ぶためのHTTPSのほうが流行ってきているよ。でも、TCPのような面倒なことをしないUDPというプロトコルもあるんだ。

ドメインネームの構造

インターネットではIPアドレスを用いて、宛先の端末まで情報を運びます。IPアドレスは数字の羅列ですので、人にとって扱いにくいものです。そこで電子メールやウェブを利用する際に、人が見てわかりやすい名前をつけ、この名前とIPアドレスとを対応させて管理する仕組みが用意されました。ただし世界中には何百億以上の端末が存在します。もし、名前が重複した場合、通信したい相手が特定できなくなりますので、唯一無二の名前をつける必要があります。また、相手の名前とIPアドレスを対応させるうえで、相手の名前を探し出しやすい仕組みが必要になります。

多数の唯一無二の名前を管理するためにドメインネームの考え方が採用されています。ドメインネームは住所によく似ています。例えば、手紙では、日本国東京都千代田区一ツ橋一丁目2番地1号と宛先を書くことで配達する場所が特定できます。ドメインネームも同様に、トップ、セカンド、サード……といった構造に基づいて表されます。記載するときには日本の住所の記載とは逆に、右から左に「.（ドット）」で区切って各レベルのドメインを並べます（上図）。トップレベルには、jp（日本）、uk（イギリス）など国を表すドメインや、com（商業組織）といった組織種別を表すドメインがあります。セカンドレベルには、jp配下では、ac（学校）、co（会社）、ne（ネットワークサービス）といったドメインがあります。

ドメインネームからIPアドレスを検索するためには、DNS（ドメインネームシステム）サーバに問い合わせを行います。DNSサーバは階層的に設置されており、まずプロバイダなどが用意したDNSキャシュサーバにアクセスし、そこから大元のルートのDNSサーバから順に問い合わせを行い、目的のドメインネームとIPアドレスとが記録されているDNSサーバまで行ってIPアドレスを入手します。このときドメインに複数のサーバ、例えば「nii.ac.jp」ドメインにウェブサーバとメールサーバがある場合、それぞれにwww.nii.ac.jp、mail.nii.ac.jpと名前をつけIPアドレスと対応させることで、問い合わせに対して適切にIPアドレスを回答することができます（下図）。

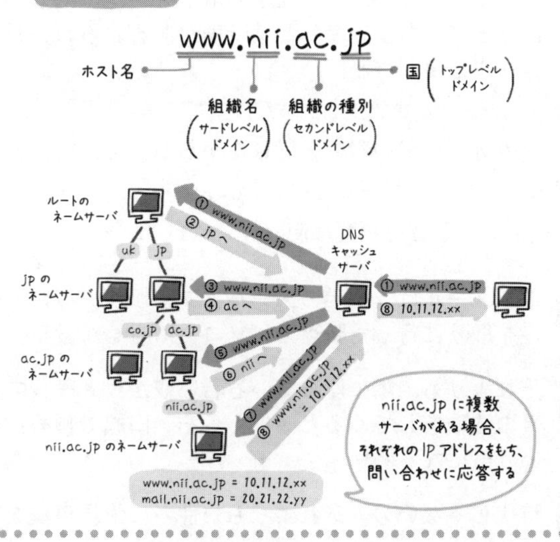

それよりも、ネット屋として重要なのはBGPやOSPFやMPLSといったプロトコルで……

プロトコルのオンパレードで、非常に難しくなってきたので、僕らは「何か飲もうか？」と席を少し外すことにした。舞さんと優さんの話は続いていた。

そういえば、姉さんは“インターネットなんて使わないわ”なんて、否定していた頃があったわね

食わずぎらいというやつだね

いまでは、かなりの時間をパソコンの前で過ごしているけどね

ちょっと、ぶーぶー。仕事で電子メールを使うようになってからよ。海外とは時差があるからね。電子メールは便利だわ

マンガ好きの父の影響を受けたからか、母は擬音語をよく使う。父は、「どーん」、「ばーん」、「がーん」、「ぎくっ」、「ピーンチ」などを頻繁に使う。

電子メールは、相手のメールアプリがサーバにメールを取りに行った時点でパソコンに届くからね

それよりも、隣に座っている若い奴が、メールで仕事の依頼をしてくると頭にくるぞ。口頭で頼め、という気になるわい

時代じゃないの。それよりも、件名に依頼事項を短

く書いただけのメールはどうかと思うけどね

それ僕だね

依頼のメールは細心の注意を払わないといかんぞ。丁寧な文章を書かないと人格が疑われるからな。わしは、メールの最後は必ず、“よろしくお願い致します”で終わらせる。“お願いします”と“致”が抜けていると気にする人がおるからのう

そんなに気にするかしら。でも、私も“致”はつけるわ

ルーズソックスの舞もずいぶん変わったね

その後、舞さんと優さんの間では、「でもスマホのメールは違うわよ」、「舞のはポケベル並みだからね」、「ポケベル使ったことないでしょ」、「イメージだよ」、「早くてコンパクトなのが命なのよ」、「ところで、スマホのメー

ルは、サーバ側から強制的に端末に送るからすぐに届くよ」、「それ聞きたかったのよ」とメールの話は収束していった。

劇的な普及は赤い袋とともに

「インターネットは、家のアクセス回線の変化を振り返ると、その進化がわかるよ」と優さんは言った。アクセス回線って何だろうと思いながら、僕らは期待を膨らませた。説明に入る前に優さんがスペインで買ってきたトゥロンをみんなに配ったので、僕は二つに割って、大きいほうを真凛に渡した。真凛は珍しそうに一口食べて、「おいしい、初めての味」と微笑んだ。優さんもにっこりとして解説がはじまった。

インターネットで電子メールやウェブを使うためには、まず、インターネットプロバイダと契約する必要がある。そのプロバイダのネットワークを入口にして、いろんな相手と通信を行うからね

パソコン通信のプロバイダとは違うの？

わが家の場合は、昔からの馴染みで同じプロバイダと契約したけどね。でも、いまはいろんなプロバイダがいる。そのプロバイダのネットワークにアクセスするためには、電話線などを用いたアクセス回線を用意する必要があるんだ

このアクセス回線が、急激に変化していったのよね

家の環境となると舞さんも詳しいらしく、合いの手が入る展開となった。

わが家では、最初は電話線にモデムで接続していたよ

音でデータを運ぶ方式だね。それは遅そうだね

プロバイダのサーバまで接続するから、最初は通話料金が気になったけど、“深夜は定額”というサービスが出てとても使いやすくなった

でも、インターネットを使うと電話が使えなくなるの

しばらくして、ISDN回線が深夜に定額になった。ISDN回線は同じ電話線を使うけど、家にISDN用の装置を置いて、パソコンはデジタルのままで、電話はデジタルに変換することで、同時に通信をすることができた

電話好きの姉さんがとても安心したわ

次に、ADSL（エーディーエスエル）回線が登場した。これも同じ電話線を使うが、家にADSLモデムを置いて、データ通信に特化して高速化を図って、電話も同時に使えるようにしたものだった。速度としては、初期の頃でもISDNの20倍以上にもなった

すごいね。でもやっぱり深夜定額だったの？

なんと、いつ使っても定額になったんだ

これで一気にインターネットが普及したのよ

満を持して、舞さんの大好きな話が炸裂した。

そのとき、ADSL 回線の宣伝に、赤い袋に入った広末涼子が出て来たの

袋って言った？

そうよ、Yahoo! BB の赤い袋よ。なんとライバルグループの CM に出たの

よくわからないけど……

僕らがよくわからないでいたので、舞さんはネットで検索して、昔の CM の写真を見せてくれた。

確かに赤い袋に入っているね

世間は唖然としたかもしれないけど、私は新しい時代の到来を感じたわ。あれから、インターネットをがんがん使うようになったの

しかし、何かすっきりとしなかったので、僕は聞いてみた。

でも、なぜそこまで速くて定額のサービスができるようになったの？

電話線を借りてアクセス回線を提供する事業が可能になったからだよ

赤い袋の会社が電話線を借りてアクセス回線を提供するということ？

そうさ。これで競争が喚起されて、爆発的に速度が向上したんだ

さすが、広末涼子

でも、電話線って電話交換機につながっているんだよ。途中で切っちゃったの？

電話線の話なので祖父に聞いたところ、「電話線と電話交換機の間には“配線盤”というものがあって、家からの電話線と電話交換機への線をつなぎ合わせておった」そうだ。なので、配線盤を使って赤い袋の会社のADSL装置に接続すればよいことがわかった。正確に言うと、家ではADSLモデムと電話機をスプリッタという小型装置に接続し、配線盤側ではスプリッタでADSL装置向けと電話交換機向けに分ける。ADSL装置は電話局にスペースを借りて置いてある場合が多く、ここからプロバイダのネットにつながる。

ADSL回線とプロバイダは同じ会社でなくていいの？

その頃にはプロバイダの数もかなり増えていて、ADSL装置の後にプロバイダを振り分ける装置を置くようになった。なので、ADSL回線と違う会社でもよくて、その振り分け装置から契約したプロバイダに接続してくれるのじゃ

電話線と赤い袋の会社とプロバイダの関係がなかなか面白かった。僕らは、「振り分けって、文系と理系みた

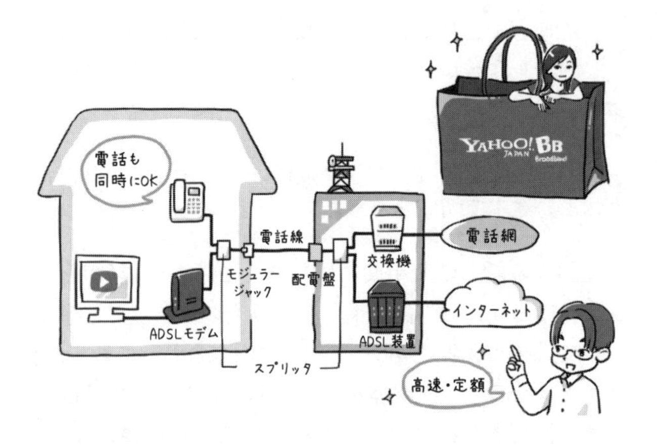

いな話だね」、「悩んだうえで振り分けられるのね」などと話し合った。

KEYWORD

ADSL：Asymmetric Digital Subscriber Line、非対称デジタル加入者線

そして光ファイバが家に来た

舞さんが広末涼子の話ではじけそうな気配を感じて、優さんが「アクセス回線の進化は、まだ終わってないよ」と言って話を続けた。

しばらくすると、電話線ではなく光ファイバを使った光アクセス回線が登場して、最大で100メガビット毎秒の速度が出るようになった。家には光アクセ

ス回線用の装置が必要で、わが家もすぐ導入したね

1秒で1億ビットも送れるからね

僕は真凛に、「ビットってパソコンが送る“0”と“1”のことだよ」と教えたが、真凛からは「速さがピンとこないの」と返ってきた。僕らは、「16個のビットで漢字1文字が送れるんだよ」、「送れる文字数でいうとどうなるの？」、「1秒間に625万文字だね」、「速い気がしてきたわ」などで速さを確認した。質問を続けた。

ADSLとどう違うの？

ADSLの速度は最大で数十メガビット毎秒だけど、電話局からの距離があると、かなり遅くなる。それに対して、光アクセス回線は距離があっても安定して早いんだ

でも、最初の頃は配線工事が大変だったみたいよ

わが家の工事は暑い夏で、汗だくで天井裏に光ファイバを通していたよ。しかも、光ファイバを途中で変に曲げちゃったらしく、しばらくして再工事になったんだ。最初の頃は、工事の人も光ファイバの扱いに慣れていなかったみたいだ

そこまで頑張ったのはどうして？

競争があったからだよ。光アクセス回線はシェアを奪えるからね。でも、そのおかげで、光ファイバの導入が急速に進み、光ファイバの価格も安くなっていったんだ

でも、広末涼子はがっかりよ

僕らは、「シェアって知ってる？」、「市場占有率でしょ、この前習ったわ」、「僕も」と日頃の勉強の成果を確認し合った。ここで、光アクセス回線の構成に関して祖父が教えてくれた。

光アクセス回線の主流は、PON（ポン）といわれる方式じゃ。電話局からは一本の光ファイバで出て、分岐装置で複数の光ファイバに分けられた後、家まで届いておる

電話線みたいに一本一本じゃないの？

うむ。共用部分を増やすことで、費用の低減を図っておるのじゃ

でも、みんなと共用だから遅くなるよね？

誤解のないように言っておくと、プロバイダのネットワークはもっと共用させている。それに比べると、アクセス回線の速度は十分早いから、問題のないレベルなんだ

100メガビット毎秒というのは、ずっと出るわけじゃないの？

そうだよ。アクセス回線は余裕があっても、その先のインターネットが混んでくると、性能が出なくなるんだ。ベストエフォートサービスというやつさ

でも、その先って僕らの見えないところでしょ？

困るね

そうだね。だから、信頼できるプロバイダを選ぶのが重要だ

僕らは、「ベストエフォートって、ベストを尽くすって習ったよね？」、「いい意味で習ったわ」、「ずいぶん違うじゃないか」、「大人はずるいわ」と憤った。優さんは「ずるいわけじゃないんだけどね」と頭を掻いた後、「アクセス回線の話だったよね」と祖父に話の続きを促した。

そういう意味で光アクセス回線のほうは頑張っておる。いまでは、ギガビット毎秒のサービスもあるし、品質も安定している。昔のわしは光アクセス回線に非常に懐疑的だったが、競争原理がうまく働き、予想よりもかなり早い時期に実現された。じゃがな、電柱と光ファイバの組み合わせは、どう見ても似合わんのう。電柱の電は、電気の電じゃ。光ファイバは家まで地下に埋められるものと思っておった。それがどうじゃ、いまは、電話線の代わりに光ファイバが町の空をふさいでおる。わしの想いとはかけ離れて……

後半はさっき聞いた話になってきたが、この話で、僕の家から電話線と光ファイバの両方が出ていることを思い出した。そこで、優さんに聞いた。

光アクセス回線で電話はできないの？

できるけど、停電のときには使えなくなるよ。光ファ

イバでは家の光アクセス回線用の装置を動かすための電気を供給できないからね

それで僕の家は両方にしているのかな？

姉さんが主張したからよ。電話のほうが大切だからね

僕らは少し席を外してアクセス回線の変化について復習することにした。小テーブルを物色したところ、優さんが海外で買ってきたヌガーを見つけたのでいただくことにした。これもおいしいね、と食べながら僕らは、「ものすごい変化だったわね」、「電話線も限界まで頑張ったね」、「本当によく頑張ったわ」、「僕は電話線をいつまで使えるのかな」、「お母さん次第ね」などと電話線をいたわった。

家ではワイファイを使うよね

家のアクセス回線の状況がわかるようになると、僕らの関心は、家の中のネットの環境に移っていった。僕らは優さんや舞さんにその変化について聞いた。

ADSL 回線が登場した頃には、家の中のパソコンの数も増えていたんだ。だから、複数のパソコンを収容するホームルータを置いて、アクセス回線に接続するようになった

このホームルータのおかげで、インターネットが家中に解放されたのよ。兄さんが独占していた時代が終わって、私もがんがん使えるようになったの

一般的なホームルータでは、接続用のインタフェースが4個程度ついていて、パソコンをケーブルで接続することができる。僕の家のも4個だった。

でも、ノートパソコンが流行ってきた時代だったから、ホームルータとの間では、ワイファイ（Wi-Fi）カードを挿入することで通信できたの。なので、私はワイファイのほうを使ったわ。4個という制限もなかったし

優さんによれば、ワイファイは“無線で高速データ通信を行うための規格でブランド名みたいなもの”だそうで、ホームルータとパソコンの間の通信などに適用される。

しばらくすると、ノートパソコンにワイファイ機能が標準で搭載されるようになって、さらに便利になったわ

僕には禁止令が出ていたけどね

神保家では電波嫌いの母の恵子がケーブルでの接続を主張した。このため、頻繁に使う優さんの部屋には、パソコン用のモジュラージャックが取りつけられて、ホームルータから壁や天井を通って水色のケーブルが配線されていた。一方、舞さんは自分の部屋で、こっそりワイファイで通信していた。ホームルータ側にワイファイカードが挿入されたままだったからだ。

でも、近所の家もワイファイを使うようになってきて、間違えてつなぎそうになったことがあるわ

ワイファイの電波はそこそこ強いから、近所の家の電波もわが家に届いたからね

えっ、ほかの家のワイファイも使うことができるの？

ワイファイでは、暗号化でほかの人が使えないようにするんだけど、最初の頃は設定していない家がほとんどだった。この場合、通りすがりの人も使うことができる

それは怖い話だ。変な人に使われて、犯罪をなすりつけられるかもしれない。僕らは、質問を続けた。

暗号化って何？

通信の内容をほかの人が読めないように変換することさ。ホームルータとパソコンの間で暗号化の方式とパスワードを決めて、それがわからないとアクセスもできないようにするんだ

優さんはそれでどうしたの？

舞に聞いて、しまったと思ったね。暗号化の設定に加えて、パソコンの接続インタフェースの識別番号でも認証を行って、安全性を確保したよ

認証って何？

舞のパソコンかどうかを確認することだよ。そのほかにも、SSIDというホームルータを識別する名前をほかの人に見えないようにしたね。パソコンには表示されないけど、SSIDを強制的に入力すればつながるんだ

だんだん難しくなってきたが、安全を確保するには難しい設定が必要であることがわかった。真凛は不安そうに、「私の家は設定していないと思うの」と言った。僕らは家ではワイファイにつないで通信している。真凛のスマホは僕が設定することが多いが、真凛の家の設定までは確認していなかった。僕らは、「僕がすぐに設定してあげるよ」、「優しいのね」、「気がつかなくて悪かった」、「未来が謝ることじゃないわ」とお互いをいたわった。気にした舞さんが自分の好きなダックワーズをくれたので、二つに割って、「いつ家に来る？」と話しながら食

TCP プロトコルによる効率的な通信

TCP（Transmission Control Protocol）は、送信端末から受信端末へデータを確実にかつ効率的に届けるための仕組みです。大きなデータは、小分けにされた小包（パケット）の形でネットワークを介して運ばれます。このパケットは時には運びきれずにネットワークの途中で廃棄されることがあります。電子メールやウェブを利用するうえで、パケットが届かずデータが抜け落ちてしまうと、情報が正しく伝わらなくなってしまいます。TCP は、ネットワークの途中でパケットが廃棄されたことを検出しふたたび送りなおす機能を持つため、データの抜け落ちを防ぎ確実に届けることができます。具体的には、各パケットにその順番を示すシーケンス番号を付与し、送受信側でパケットの到達状況を確認し合うことでこれを実現します。また、ネットワークが混雑しているときは送り出すパケット数を少なくし、ネットワークに空きがあるときは送り出すパケット数を増やすなど効率的にデータを送ることができます。このための仕組みとして、ウインドウ制御法があります。送信端末が一度に送信することのできるデータ量をウインドウとよび、通信開始時は小さくして、パケット廃棄がないと少しずつ大きくし、一度に送信するパケット数を制御します。送信量が増え混雑したことによりパケット廃棄が発生すると、ウインドウを小さくし一度に送信するパケット数を減らします（図）。この仕組みにより、混雑度に合わせた効率的なパケット送信を行うことが可能になります。

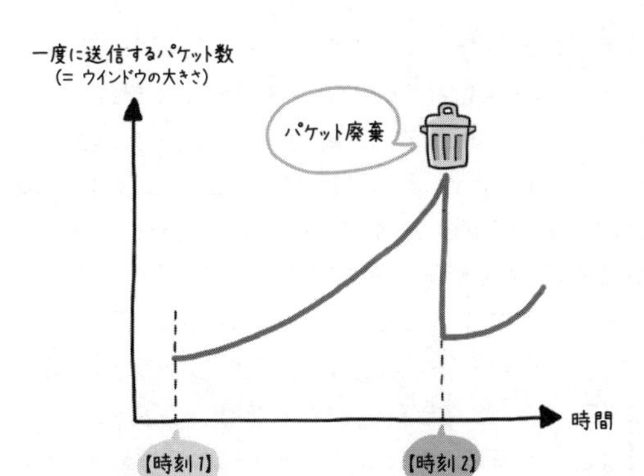

【時刻1】	ウインドウは当初小さく、送信パケットは少ない
【時刻1～時刻2】	ウインドウは大きくなり、一度に多数のパケットを送信
【時刻2】	パケット廃棄が発生した場合、ウインドウを小さくして送信

図　TCPにおけるウインドウ制御

光アクセス回線（GE-PON）の仕組み

一般家庭の光アクセス回線は、おもにGE-PON（Gigabit Ethernet Passive Optical Network）技術を用いて構成されています。光アクセス回線では、電話局に設置された装置OLT（Optical Line Terminal）と、家庭に設置する装置ONU（Optical Network Unit）との間を光ファイバで結び、光信号を送受信することでデータ通信を行います。接続形式としては、OLTとONUを1：1で接続するシングルスター型と、1：Nで接続するダブルスター型があり、PONは後者です。OLTからの光ファイバは「光スプリッタ」を用いて複数のファイバに分岐させて家庭に配線します。GE-PONでは最大32まで分岐可能です。光スプリッタで分岐された信号は各ONUに同じ光信号として伝わりますので、PONにはどのONU宛てのデータかを区別できる仕組みが入っています（図）。またONUからOLTへの光信号は光スプリッタで、ほかのONUの光信号と合流します。複数のONUからOLTに対してデータを送信する際に光信号が混信しないように、PONにはONUがデータを送信するタイミングを制御する仕組みが入っています。

メタルのアクセス回線から光アクセス回線に代わることで、通信速度が飛躍的に向上し、GE-PONでは上り下り最大1Gbpsが可能になりました。光アクセス回線のさらなる高速化に向け、GE-PONの10倍の速度を持つ10GE-PON (10 Gigabit Ethernet PON)や波長多重技術を活用したWDM-PON (Wavelength Division Multiplexing PON)等の開発が進んでいます。

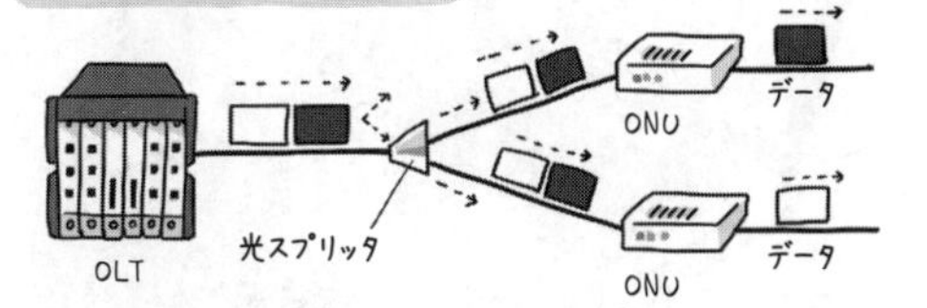
OLT⇒ONU へは同じ信号が伝わる
OLT
光スプリッタ
ONU
データ
ONU
データ
宛先 ONU を区別するための機能

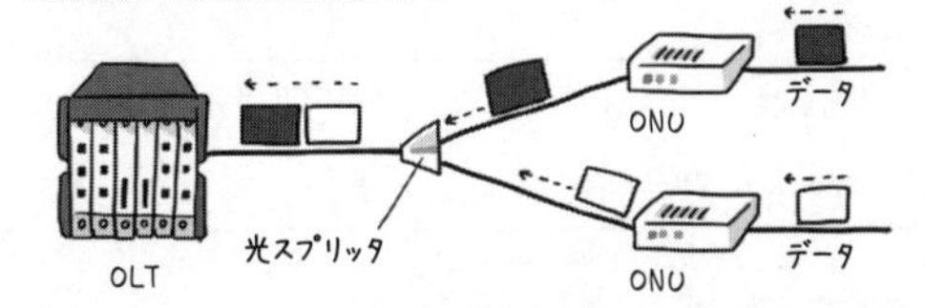
ONU⇒OLT への信号は合流する
OLT
光スプリッタ
ONU
データ
ONU
データ
ONU の送信タイミング制御機能

図　GE-PON の仕組み

べた。

KEYWORD

SSID：Service Set Identifier、ワイファイにおいてネットワークを識別するための名前

ワイファイがどんどん広がる

街のコーヒーショップなどで無料のワイファイを見つけると、僕はテンションが上がる。家のワイファイとの違いについて聞いてみた。

街のコーヒーショップなども、基本的には家の仕組みと変わらないよ。でも、接続するノートパソコンの数が多いだろうから、ホームルータやアクセス回線の性能を上げないといけないね。その分、かかる費用は少し高くなるかもね

でも、タダの場合が多いよ

インターネットの利用料金は、お店が契約して払っているからだよ。その分はコーヒー代のほうに入っているけどね

そうなの？　となると、お店で粘ったほうがいいわね

僕らは、「真凛と一緒だといつも粘るけどね」、「嫌なの？」、「そんなことはないけど、お店は儲からないね」、「私たちは儲かっているのよ」、「はいはい」と短く終わった。

でも、最近では、携帯通信会社がいろんな場所で公衆ワイファイを設置しているよ。お店だけではなく、電車の中でも使えたりするけどね

公衆ワイファイって、お金がかかるんでしょ？

いまは無料がほとんどじゃないか。しかも、スマホのデータ通信量にはカウントされない。ただ、契約形態はしっかりチェックしてくれよ

舞さんと優さんは、「早く教えてほしかったわ」、「知らないと損だね」、「宣伝が足りないんじゃない？」、「僕のせいじゃないよ」と少しギクシャクした。

僕は“公衆”という名前で公衆電話を思い出したので、真凛と少し議論した。「ワイファイって電話に似てきたね」、「どうして？」、「家のワイファイと公衆ワイファイのセッ

トでネット全体を形成しているんだよ」､「面白い考えね」､「そう思う？」といい感触を得た。でも、どうしてそんなに公衆ワイファイが広がっているのか聞いてみた。

お店と協力して魅力的なサービスを提供するのが一つの理由だ。でも、実は、スマホからのデータ通信が増えて、基地局の電波の増強が追いつかないんだ。ワイファイ経由の通信は基地局の電波の利用を抑えられるから、うれしいわけだ

続けて、優さんは海外出張のときの話もしてくれた。

最近では、飛行機の中でもワイファイが使えるよ

機内にホームルータみたいなものがあるんだね。地上とどうつながるの？

飛行機のアンテナから通信衛星を介して地上とつながるんだ。送れるデータ量が小さくてまだまだ高額だけど、いざというときには使えるよ

優さんは、海外での通信はどうしてるの？

国際会議だと、主催者側が無料のワイファイを提供するのが普通になっているね。また、海外のホテルも、無料のワイファイが多くなってきているよ。まあ、会議参加費やホテル料金に含まれているんだろうけどね

僕らは舞さんにも外でのワイファイの使い方を聞いてみた。

私はプログラマーだからね。コーヒーショップで粘って書いて送ることはよくあるわ。新幹線の中というのも集中できていいのよ

舞は、1日に数千ラインのプログラムを書けるからね。すごい集中力だよ

兄さんには感謝しているの。学生時代にプログラミングのバイトを紹介してくれて、それがいまに生きているのよ

ポケベル時代から鍛えた早打ちの能力がすごかったからね。僕はいけると思ったんだ

さすがね、兄さん。ありがとう

なんだい、照れるじゃないか

最後は照れる展開になったが、ネットの激動の時代の

話を聞けて、僕らはとても充実した気分になった。小テーブルをもう一度物色すると、舞さんの持ってきたマカロンがあるのに気がついた。いろいろな色があったが、赤いのをいただくことにした。マカロンを安易に上下で分けるのは不本意だったので、ナイフで上から二つに切った。食べる前に、真凛はイチゴ味、僕はラズベリー味を予想したが、当たったのは真凛だった。

第3話

つながりが拡散

—グリーンとスカイブルー—

祖父は最近のネットの状況についても知りたくなったようで、「いまどきの若者のネットの使い方についても教えてくれないかな？」と僕らのほうを向いて言った。心君からも「夏休みの研究課題を探しているんだ、教えてよ」と頼まれたので、僕らは若者世代の主役を務めることにした。若者ということで、姉の愛莉や弟の光海も話に加わってきた。祖父が僕らの真似をして聞いた。

未来と真凛ちゃんは、何世代とよべばよいのかな？

脱ゆとり世代かな。ゆとり世代に比べて、学校での学習量が大幅に増えたから、家では勉強に追われて大変なんだよ

そうかい。でも、それはそれでよいことじゃ

毎日ずっと一緒に勉強しているんですよ

祖父は真凛の言葉が少し気になったようだったが、深くは聞かなかった。僕らの小さい頃のネット事情に話が移った。

小さい頃はどんな感じだったかな？

物心ついたときから家にはいつもパソコンが立ち上がっていたから、調べものはまずネットでという癖がついたね。僕はネットのない生活は想像できないよ

携帯電話はいつから使っておるのかな？

中学時代にスマホを買ってもらったよ。スマホの機種は、真凛といつも一緒にしているんだ

使うアプリも一緒なの

スマホも進化しているのよ。4G対応に変わったときは、速さにびっくりしたわ。家でもパソコンじゃなくてスマホを使うようになったわね

でも、おもに何に使っておるのじゃ？

生活のほとんどだけど……あえていえば、無料通話アプリとSNSと検索が多いかな

KEYWORD

アプリ：アプリケーション（application）の略語。スマホなどで動作するサービス用ソフトウェアのこと。

最近は無料通話が普通だよね

祖父も心君も無料通話アプリにあまり詳しくなかったので、僕らはそこから説明することにした。

僕らはスマホ代を親に出してもらっているけど、通話料がかかると悪いから、基本的に無料通話アプリを使うよ

無料通話アプリとは、メール、通話、ビデオ通話などが無料でできるアプリケーションのことで、グリーン色のLINEやスカイブルー色のSkypeが代表的な例だ。無

料通話は無料通話アプリを使っている端末同士に限られるので、母や父に連絡する際には、有料の電話アプリを使う。

“電話”じゃなくて、“通話”というのはなぜかしら？

僕の理解では、電話のネットではなくインターネットを使うからだよ。だから、無料というのは正確ではなくて、インターネット利用料金が定額であれば、追加料金なしで話し続けられるということだね

でも、スマホは定額で使える通信データ量が決まっているわ。それを超えると通信速度を落とされるから、注意が必要よ

音声通話はそれほど通信データ量が大きくないから、基本的に大丈夫だね。ただ、ビデオ通話は、ワイファイに切り替えないと大変だ

ここまでの話を聞いていた心君が、小さな手を挙げて質問した。ここから、心君の快進撃がはじまる。

みんな、誰とお話しするの？

私は、友達とLINEするよ

僕は、部活でLINEのグループを使っているよ

心君はLINEの意味がわからなかったようだった。姉はスマホで画面を見せながら、「LINEはお互いに文字などで話し合うんだよ」と心君に教えてあげた。心君はLINEのスタンプのほうが気になったようで、「これは

どういう意味なの？」を連発した。姉のスタンプキャラクターも興味に拍車をかけた。一通りのやり取りが終わると、心君は手提げ袋から学習ノートとえんぴつを取り出し、“LINEのスタンプ”とノートに書き込んだ。

未来兄ちゃんは、LINEはどういう使い方なの？

僕は無料通話が好きかな。ケータイと比べても悪くないよ。遅延は大きいけど

無料なのに、どうして悪くないの？

僕も不思議に思って、優さんに理由を聞いた。

インターネットでは映像を扱うことが増えてきたから、大きなデータ量を運べるようになってきた。音声は映像に比べるとデータ量はかなり小さいので、通常は問題なく運べるんだ

でも、途中で切れてどうしようもなくなるときがあるわよ

そのときだけ、ケータイでかければいいね

携帯電話は儲からんのう……

心君は真凛にもヒアリングした。

真凛お姉ちゃんは、LINEはどういう使い方なの？

私は友達に場所を教える機能が気に入ってるの。待ち合わせに便利よ

どうして場所がわかるの？

スマホには、GPS（ジーピーエス）っていう場所を見つけてくれる機能があるの

ジーピーエス？

超便利なのよ。地図アプリで行きたい場所を指定すれば、案内してくれて、あと何分ぐらいで到着するかもわかる。地図の中をどんどん移動するのよ

僕は海外で車を運転するときに、自分のスマホをナビシステムとして使っているよ。車の位置情報を集めて処理しているから、どの道が混んでいるかなども教えてくれる

心君は“GPS”とローマ字で大きくノートに書き込んで、「パパ、これ自由研究にいいかも」と言った。優さんは少しだけ頷いて言った。

GPSの何を研究するのか、もう少し掘り下げないとね。たんに調べましたでは、研究とは言えないよ

心君は少ししょんぼりしたが、「確かに、まだまだ甘いね」と大人の発言をしてまわりを驚かせた。横で聞いていた真凜が、「これでも食べる？」と自分の持ってきたラスクを心君にあげると、すぐに元気になった。

二つに割ったラスクを食べながら僕らは、「なかなか厳しい親子ね」、「研究となると厳しくなるんだ」、「未来も厳しくなる？」、「ちょっと想像できないね」、「私も」などと話し合った。

僕らはビデオ通話をこう使う

心君は無料ビデオ通話についても関心を示した。姉に「ビデオ通話は、相手の顔を見ながらお話しするんだよ」と教えてもらった後、質問した。

ビデオ通話って、どういうときに使うの？

私はあまり使わないかな。顔が映っちゃうし

僕も使ったことないよ。男同士じゃやらないね

僕はよく使うね。研究者の間では、ビデオ通話というのは一般的なんだ。海外出張先からのビデオ通話というのもよくあるよ

えっ、海外からビデオ通話するの？

もちろんさ。北米や欧州だと品質的にほとんど問題ないね。時差があるから、ホテルから使う場合が多いよ。なぜかいつも、教授からビデオ通話のお誘いがあるし

横で聞いていた舞さんが、「海外で遊んでいるイメージがあるんじゃないの？」と突っ込みを入れると、優さんは「国際会議で発表があるんだよ。結構大変なんだ」と反論した。心君も、「パパは遊ばないよ」とサポートした。

ところで、“ビデオ通話”のほかに、“ビデオ会議”、“テレビ会議”、“テレビ電話”というのもあるわね。どう違うの？

紛らわしいよね。僕の感覚では、“会議”は会社向け、電話”は個人向け、で品質が保証されているもの。“通話”はインターネットを使うものというイメージだね。ビデオとテレビの違いはないと思う

優さんのところでは、どういうアプリを使うの？

研究所の会議だとポリコムで、研究者同士だとSkypeを使う場合が多いかな

どう違うの？

カメラまでセットになった有料のアプリと、無料のアプリの違いかな

僕と真凛が静かにしていたので、心君がこちらを向いて聞いた。

未来兄ちゃんは、ビデオ通話は使わないの？

僕は毎日、使っているさ

誰とお話ししているの？

……真凛とだよ。ビデオ通話しながら一緒に勉強するんだ

んっ、どういうこと？

つながっていると、安心して勉強できるの

この会話で家族のみんなが興味津々になってしまった。誤解のないように、少し説明しなければならない。

僕らの関係は、偶然ネットでつながったところからはじまる。あれは幼稚園の年少組に入園して間もない頃だった。「みんな、集まって。糸電話つくったよ」と、先生がみんなを集めた。「ここにあるカードの一つを選んでね。裏を見ちゃだめよ。同じ絵のカードを選んだお友達と電話するのよ」、この一言が運命の歯車を回しはじめる。僕と真凛が選んだカードは、ハートのエース。先生がつくった糸電話の糸はなぜか赤色で、このとき僕らは、赤い糸電話でつながった。真凛が最初に話した言葉は、いまでも覚えている。「仲良くしてね」、だ。僕が何と言ったかは覚えていないが、それから僕らはずっと仲良くしている。真凛は両親が共働きだったこともあり、毎日、僕の家に遊びに来た。中学生になると、両親の帰りがさらに遅くなったので、真凛は僕の家で少し勉強して帰ることが日常的になった。二人での勉強は、短い時間だが

楽しくて効率的だった。夜も一緒ならもっと上に行ける、僕らはそう考えはじめるようになった。同じスマホを手にした僕らは、ある日、スカイブルー色のSkypeに注目した。スマホを家のワイファイに接続してしまえば、つなぎっぱなしでも追加料金はかからない。画期的なアプリだった。カメラの撮影範囲と角度は悩み続けたが、それを乗り越えて僕らのビデオ通話が本格的にはじまった。それ以来、勉強が終わるまでずっとつなぎっぱなしにしている。最近では、真凛が帰宅して寝るまでずっとつなぎっぱなしになっている。いくら使っても無料だから、使わないほうが損だ。それに、音声だけよりビデオのほうが圧倒的にお得だ。勉強中はなるべく静かにしているし、後ろめたいことは何もしていない。同じ高校に合格したという大きな成果も出している。いまでは、無料通話アプリは僕らの赤い糸電話だ。

一通り話を聞いて、姉が言った。

どうみても異常じゃない？

LINEで十分だよね

スマホをさわると気が散るんだ

勉強に集中できるし、わからないところはすぐ聞けるのよ

しかも、真凛が参考書のページをめくっている音を聞くと、やる気が出るよ

私は、未来がノートに鉛筆でカリカリ書いている音

で、やる気が出るわ

 ……勝手にしなさいよ

結局のところ、みんなには十分に理解されなかったようだが、優さんと舞さんの話し合いにより、“異常とまではいえない”との判定が下された。心君は、“つなぎっぱなし”、“いじょうとまではいえない”とノートに書き込んだ。

優さんと舞さんは、「新しいコミュニケーションスタイルだね」、「かなりのレアケースだと思うけど」、「いまから広がるかもしれないよ」、「そうかしら」、「実は、うらやましいんじゃないのか？」、「どういう意味？」と少しもめていた。

ちなみに、僕らは、どちらかが熱を出したときなどは、朝までつなぎっぱなしにすることもある。このことは黙っておいた。

ピーツーピーが僕らをつなぐ

僕らは新しいコーヒーを入れることにした。少し悩んで、ブラジル No.2 にしておいた。「No.1 は高いのかしら？」、「No.1ってないみたいだよ」、「そうなの？　なんだか平和ね」と僕らは話しながら、豆を挽いて、お湯を注いだ。優さんもコーヒーをつぎに来て、「スパコンもそうだったらよかったな」と意味不明なことをつぶやいて、無料通話アプリの技術的な特徴について、教えてくれた。

LINE はメッセージをさばくサーバのソフトウェア技術に力を入れているんだ。グループだと、入力した時間の順番に正確に表示しないといけないからね

私なんて、入力が早いからね。みんな追いつかないよ

そういう人は、グループで発言が目立って、迷惑な場合があるけどね

優さんと舞さんがもめるのを聞きつつ、サーバ技術のポイントに関して教えてもらったので、別欄の解説を読んでほしい。

この後、僕らの Skype の無料通話については、実はサーバを経由していないことを教えてもらった。

メールを使うときには、相手のメールサーバの IP アドレスを教えてもらう必要があることは教えたね

ドメインネームシステムで教えてもらうんだよね

無料通話アプリで友達に接続するときにも、友達の ID を IP アドレスなどに関連付ける必要があるんだ。この段階では、同じようにアプリ専用のサーバに問い合わせる。でも、通話する段階になると、パソコンやスマホ同士が直接通信をすることになるんだ

通話は直接スマホ同士が行うんだね

そう。これは、ピーツーピー（P2P）という方式の一つだ。サーバを介してビデオ通話も処理していたら、さすがにデータ量をさばき切れないからね

ピーツーピーが真凛と僕をつないでいるんだね

優さんによれば、ピーツーピーという方式は、ファイル共有ソフトによる著作権侵害や情報漏洩などで社会問題になったイメージが強いが、技術的には面白いものが多いとのことだ。真凛が質問した。

でも、未来の家からのビデオは同じような時間によく乱れるの。サーバを介していないとしたら、ネットが混んでいるのかしら？

真凛ちゃんの家はすぐ近所だよね。プロバイダも一緒だとすると、この家と同じエッジルータにつながっているはずだから、ネットが混んでいることはほとんどないと思うけどね

光海が、「きっと姉さんだよ。SNS（エスエヌエス）を使うとネットが重くなるんだよね」と言い出し、話題がSNSに移っていった。

KEYWORD

P2P：Peer to Peer、対等な関係にある端末同士が直接通信を行う方式

SNSは広がるだけじゃない

祖父が「SNSになると、わしはさっぱりわからんのう」というので、SNSの好きな愛莉姉さんが、自分のお気に入りのページを見せながら、祖父や心君に解説をはじめた。

SNSは、自分のプロフィール、写真、ビデオ、経験談などを公開することで、ほかの人とのつながりを形成するサービスだ。個人の情報をみんなに公開するものと友達の間に限るものに分けて、友達の輪を広げていく。群青色のFacebookが代表的な例だ。つぶやきをリアルタイムで知らせてくれるスカイブルー色のTwitterもよく使われている。優さんの研究所のように、組織の広報のためにこれらのSNSを活用するケースもある。写真の処理機能に強みを持つInstagramも流行っていて、FacebookやTwitterに同時に投稿できるなど連携も進んでいる。

ここでも、心君が先陣を切って質問した。

みんな、何のために使うの？

私は、友達との写真をがんがん載せているわ。見てるだけで楽しくなるはずよ

姉さんのは、いろんな友達が出てくるよね

恥ずかしいのはないわよ。それに友達申請はしっかり管理しているわ

解説 大量リクエスト処理のためのサーバ技術

メッセージ処理や情報提供を行うサーバでは、非常に多くのユーザからのリクエストを受け付けて処理を行う必要があります。例えば、2015 年の時点で LINE には世界中に 2.1 億のアクティブユーザが存在し、170 億件／日のメッセージ交換を行っているといわれています。このような大量のリクエストを受け付けて処理するための基本的な技術が、負荷分散技術、並列処理技術です。

1 台のサーバで処理できるリクエスト数は限りがあります (a 図)。そこで、サーバの台数を増やすことで、処理するリクエスト数の増加に対応します。複数のサーバに対してリクエストを振り分ける技術が負荷分散技術です（b 図)。この技術では、リクエスト内容や各サーバの負荷状況などを考慮しながら、複数のサーバに対して負荷が均等になるように振り分けを行います。

並列処理技術は、一つのリクエストを、複数のコンピュータで分割して「並列」処理することで、多数のリクエストを処理する技術です（c 図)。この技術では分割方法が大きな課題となります。野菜炒めを例にとると、「野菜を切って」「炒める」のように順序関係がある場合は並列に行うことができません。野菜の中の「人参」と「キャベツ」は並行して切ることができます。複数人で分担しながら料理をするように、一つのリクエストの処理を細かく分解し、順序関係があるものとないものを整理し、並列処理できるものを複数サーバで分担処理する工夫を行っています。

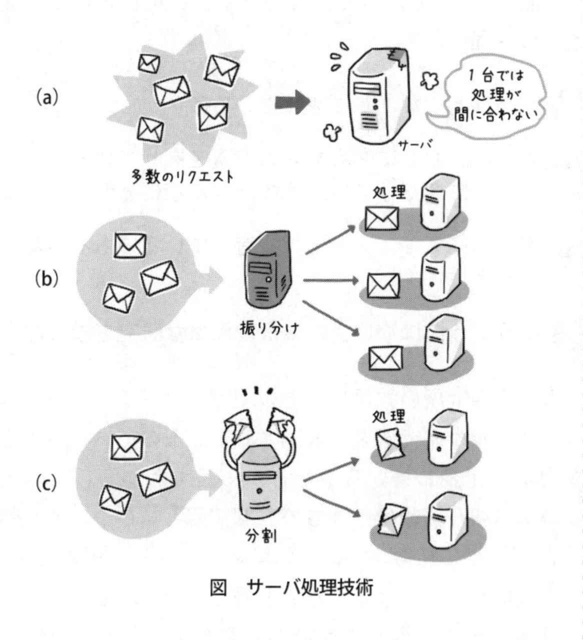

図　サーバ処理技術

僕の同級生も友達になっているけどね……

心君は、“ともだちしんせい”とノートに書いて、優さんにも聞いた。

パパはどんなことに使っているの？

パパは、おもに学会発表の写真を載せているよ。そして、友達だけではなくて、みんなに公開している

友達の間では、海外出張で遊んでいるのもあるんでしょ？

そういうのはないよ。僕は真面目な研究者なんだよ

大学や研究所の教員は、その組織のホームページでプロフィールや研究成果が公開される。なので、どのような会議で発表しているかなどが一目でわかる。SNS上での不適切な情報はそれらの公開情報と結びついて、関係者にすぐに拡散する。「イエローカードレベルでも、結構大変なことになるんだ」と優さんは説明した。舞さんは本心から納得したかはわからないが、「なるほど、悪かったわ」と少し神妙に謝った。

この後、心君は、僕ら二人を同時にちらっと見て質問した。

未来兄ちゃんは、どういう使い方なの？

僕はたまに写真やビデオを載せているぐらいかな

どんな写真やビデオなの？

……真凜と一緒のやつが多いかな

んっ、なんか怪しいよ

思い出が詰まっているの

またしても、家族が興味津々になってしまった。誤解のないように、少し説明しなければならない。

僕らは幼稚園の年少組のとき、偶然にも赤い糸電話でつながった。そしてしばらくして、誕生日も同じであるという奇跡が僕らの赤い糸をさらに太くした。真凜の両親が共働きで忙しかったこともあり、お誕生日会はいつも僕の家で開かれた。最初の頃はケーキが二つ用意されていて、それぞれに“おめでとう真凜”、“おめでとう未来”というチョコレート板がのっていた。あるときから、ケーキが一つになって大きくなった。二つのケーキと同じ面積の一つのケーキは、値段的には2倍ではなく約1.4倍とルートの規則で安くなることが理由ではないかと思っているが、真意のほどはわからない。ケーキには、“おめでとう真凜&未来”というチョコレート板がのるようになった。それ以来、僕らはケーキを一緒に切り分けて食べるようになった。それが転じて、どんなお菓子も二人で分けあって食べるようになり、いまはそれが当たり前になっている。そういったお誕生日会の記念写真やビデオが増えるにつれて、僕らはこの重要な情報を今後も管理しきれるか不安になってきた。中学生になった僕らは、ある日、無料のSNSに着目した。友達は二人に限定すれば誰にも見られない、友達リストも非公開にすればひやかされることもないと思った。同級生からの友達申請は無視することになるので不評を買うことはしばしばだが、僕らはこの無料のSNSに非常に満足している。記念写真やビデオをすべてSNSにアップしているので、いまでは僕らの記念の宝箱だ。

一通り話を聞いて、姉が言った。

やっぱり異常じゃない？

アルバムで十分だよね

写真とビデオの両方が重要なんだ

見たいと思ったらすぐに、思い出のシーンが見られるのよ

僕は、ホワイトケーキにイチゴのビデオが好きかな

うふふ

……勝手にしなさいよ

この件についてもみんなには十分に理解されなかったようだが、優さんと舞さんの話し合いにより、“異常とまではいえない”との判定が下された。心君は、“SNSでふたりだけ”、“いじょうとまではいえない”とノートに書き込んだ。

優さんと舞さんは、「新しいSNSの使い方だね」、「SNSとはいえないんじゃない」、「でも、なんかうらやましい

な」、「そうね」とひそひそ話になった。

ちなみに、“ホワイトケーキにイチゴのビデオ”というのは、ケーキが一つになった最初の年のビデオで、「ご入刀、おめでとう！」という若い頃の舞さんの声が入っている。このことは黙っておいた。

みんなのひそひそ話が一段落するまで、僕らは少し席を外すことにした。真凜が持ってきたマドレーヌがあったので、それに合うと言われている菩提樹のお茶を入れてみた。マドレーヌを二つに切ってお茶に浸して食べてみると、お誕生日会での出来事が次々と記憶の中から揺り起こされた。僕らは、「いろいろあったね」、「楽しい思い出ばかりね」などと語り合った。

KEYWORD

SNS：Social Networking Service、ソーシャル・ネットワーキング・サービス

乗っ取りとバッシングは嫌だ

菩提樹のお茶で一服してもどってくると、姉がSNSの嫌な思い出を語り出した。

そういえば、SNSデビューと同時にアカウントを乗っ取られたのよね。ひどい発言がいっぱい書き込まれて、超参ったわ

えっ、そんなことがあったの

そうなのよ。困って舞さんに相談したら、すぐに助けてくれたのよ

舞さんは、すごい勢いでノートパソコンのキーをたたきはじめて、あっという間にアカウントを取りもどして、画面をきれいにしてくれたそうだ。どうやったかは、「守秘義務があるから、言えないの」だそうだ。

あれ以来、パスワードには気を遣っているの

どうすればいいの？

舞さんに教えてもらったんだけど、パスワードは8文字以上、アルファベットの大文字と小文字を両方入れる、数字も入れる、そして、そのサービスで使

用可能なハイフンなどの特殊文字も入れるのよ。私の場合は、倍の16文字にしているわ

僕もすぐに変更しておくよ。真凛との写真やビデオが消されると大変だからね

僕らはネットの怖さを肌で感じている世代でもある。アカウントの乗っ取りだけでなく、ネット上でのバッシングはとても怖い。僕らはまだ高校生だが、高校生でもバッシングされることはある。僕らの世代のアイドルといえば、広瀬すずだ。Twitterのフォロワー数も、ランキングの上位に入っている。人気急上昇中のある日、彼女はテレビ番組で何気ない一言を言ってしまった。僕らの感覚ではそれほど問題発言とは思えなかったが、その日から、彼女に対するバッシングが過激なほどにネットで拡散した。僕らは恐怖感しか感じなかった。

私たちって、思っていることをまだうまく表現できないのよ。なのに、ひどいわ

バッシングはすぐに収まらないから、耐えて待つしかないんだよね

でも、彼女はなんとか耐えた。強いわ、広瀬すず

きっとこれからの糧になるよ。頑張れ、広瀬すず

舞さんの広末涼子への想いと同じような感覚なのか、僕らは広瀬すずの話になるとテンションが上がる。

SNS関連のトリの質問も、心君が務めた。

愛莉お姉ちゃんがSNSを使うとどうしてネットが重くなるの？

大量にSNSに写真をアップロードするからだよ

アップロードって何？

家のパソコンからSNSのサーバに写真を送ることだよ

ネットが重くなるとどうなるの？

ゲームがやりづらくなるんだ。具体的には、攻撃力が弱くなる

光海はネットゲーマーである。対戦ゲームはネットの品質が命らしく、光海は決してワイファイ経由でゲームはせず、自分の部屋まで水色のLANケーブルを延ばしている。とくに対戦相手への攻撃方向に速く攻撃データを送りつけることが重要であり、遅延が生じると攻撃能力が低下する。愛莉姉さんがSNSサイトに大量の写真をアップロードすると、光海の攻撃データがホームルータで待たされて遅延が生じ、しばしば兄弟げんかが起きた。なので、最近はお互いに大まかな利用時間を決めている。

でも、動画共有サイトの利用は大歓迎だよ

どうして大丈夫なの？

ダウンロード側、つまり、反対の方向にデータが流

れてきて、向こうの攻撃力を弱めることができる

動画共有サイトはYouTubeやニコニコ動画などが代表的な例だ。現在では公的機関や一般人も情報発信する重要なサイトになっている。映像を扱うため、ネットを流れるデータ量が大きいのが特徴である。光海にとっては、動画共有サイトの利用は、ダウンロードのデータ量を増やし、相手からの攻撃力を弱めることに貢献してくれる。念のため、母のパソコンで動画を再生し、自分のパソコンの処理能力は温存している。

心君は“ゲーム”とノートに書きはじめたが、優さんは「ゲームはまだ早いかな。ほかの研究テーマがいいね」と優しく止めた。

僕らは、「画面が乱れるのはこれだね」、「ビデオ通話もデータ量が大きいのよね？」、「時間制限になるとつらいよ」、「画面が乱れるぐらい我慢ね」とひそひそ話をした。

いろいろな検索があるんだよ

祖父も心君も「検索はよく使う」ということだったので、僕らはお互いの使い方から確認することにした。

スマホは、気になったらすぐ検索できるし便利だよ

音声で検索すると、お薦めのお店なども教えてくれるのよ

僕は、パパに買ってもらったタブレットで検索してるよ

わしは、パソコンじゃないとちょっとつらいな

検索アプリで僕らがよく使うのは、G の文字がブルーではじまる Google だ。“ググる”は日常用語のようになっている。検索バーに“国立情報学研究所”と入力すると、関連するサイトがズラッと出てきて、クリックするとそのウェブサイトに誘導してくれる。「最近は SNS で検索することも多いよ」と、光海や愛莉姉さんも使い方を説明した。

Twitter で検索すると、つぶやいている話題のトレンドなどがわかるよ

Instagram で検索すると、ファッションのトレンド

などを把握することもできるのよ

いろんな検索があるのじゃな

ネットではものすごい量の情報が公開されるからね。
その分析だけで、大きなトレンドがわかるんだ

僕らは一時期、“広瀬すず”で毎日検索して、バッシングがどのように収まっていくのかを観察していた。かなりの時間がかかったが、バッシングは収束して、いまではフォローのサイトが上位を占める。

姉が「検索してトップに出ることが超重要なのよね。秘訣があるらしいわよ」と言ったので、心君がすばやく反応して、“けんさく”、“トップ”、”ひけつ“とノートに書いた。

でも、知っているけど教えられない、っていう人が多いらしいよ

私も知ってるけどね

どうやるの？

守秘義務があるのよ

何だよ

優さんは笑いながら、「その秘訣とやらは知らないが、一般的なウェブ検索の仕組みは知っているよ」と言って、簡単に教えてくれた。

重要なのは三つだ。まず、ウェブページの情報をかき集めて、ウェブページ同士のリンク関係を明確にすること。“クローラ”というプログラムがその役割を担っている

リンク関係って何？

Aというウェブページが B というウェブページで参照されている、といった結びつきのことさ

すごい情報量になりそうだね

そうだね。次に、ウェブページと“検索ワード”を関連付けること。最後が、“検索ワード”がどのウェブページと最も関係しているかを順位付けすることだ

順位付けのところが秘訣なんだね

順位付けはリンク関係で判断するんだけど、仲間同士で作為的にリンクさせている場合もあるから、注意が必要だ。いろんな角度から信ぴょう性を判断しないといけないから、改良を重ねているらしいよ

僕らは、「信ぴょう性って知ってる？」、「信用できる度合いのことよ」、「さすが文系志望」、「でも、“ぴょう”の漢字は書けないの」と高校生の会話をした。

若者の話が一段落したので、僕らは少し休憩することにした。僕は、綿密な調査をしたうえで選んだお菓子の袋を真凛に渡した。袋の中には、スカイブルー色のきらきらした金平糖が入っている。二つに割れない小さなお菓子は、真凛が“きれいで可愛い”と認めると、特別ルー

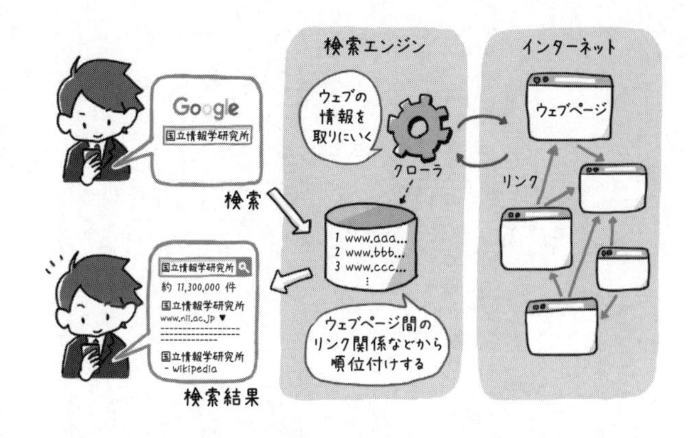

ルが適用される。真凜が二つ選んで片方を僕にくれるのだ。このとき僕は、なぜかとても幸せな気持ちになる。僕らは、「サイダー味なのね」、「青春の味だね」、「おいしいね」などと話しながらぼりぼり食べた。

第4話

先端科学で躍進

―紺瑠璃とオレンジ―

三世代にわたるネットの話が終わると、ようやく本命の超高速ネットが話題となった。優さんは最初に、勤務先である国立情報学研究所、略称 NII（エヌアイアイ）がどのような研究所なのかについて教えてくれた。

NII では、情報学分野での“未来価値創成”を目指して、理論から応用までの研究開発を行っているんだ

“創成”の意味をスマホで検索した僕らは、「初めてつくり上げるのね」、「でも、“未来価値”って何？」、「“未来にとって大切なもの”じゃない？」、「いいね、それ」、「うふふ」と盛り上がった。「まあ、いろんな意味に取れるのがいいんだけど」と優さんは笑って、話を続けた。

NII にはもう一つ重要なミッションがある。全国の大学や研究所ための学術情報基盤をつくっているんだ

学術って何？　情報基盤もピンとこないよ

学術は専門性の高い学問のことさ。情報基盤は、いろいろな情報を収集、蓄積、配布するための土台となるもので、最近ではネットが最も重要だ

要するに、兄さんは全国の大学や研究所の研究を支えるネットをつくっているのね？

ざっくり言えば、そういうことだ

ネット以外の学術情報基盤としては、学術論文を蓄積、

公開、検索するシステムや大学図書館の書籍情報を管理するシステムなどがある。NII は元々東京大学の情報図書館学研究センターとして発足したので、大学図書館との関係も深いそうだ。図書館好きの真凛はキラリとしたが、紙面の都合上、ここではネットについてだけ説明する。

そのネットが、僕の聞きたかった超高速ネットだね？

そうだよ。そのネットの名前は、SINET（サイネット）というんだ

KEYWORD

SINET：Science Information Network、学術情報ネットワーク。最新の SINET5 は全都道府県を 100Gbps で接続

全都道府県が超高速なんだね

優さんによれば、SINET の最も大きな特徴は、先端科学で使う大型の実験設備がいっぱいつながっていることだ。国内では、ノーベル賞受賞に貢献したベル測定器やスーパーカミオカンデ、京（けい）などのスーパーコンピュータ、超伝導大型ヘリカル装置、大型放射光施設など、僕には想像がつかない実験装置がずらりとつながっている。海外だと、スイスのアトラス測定器、チリのアルマ望遠鏡、建設中のフランスの国際熱核融合実験炉などにつながっている。僕はさっそく質問した。

研究者だけが使えるの？

SINET は研究だけではなく教育のためのネットでもあるんだ。“研究”と“教育”は切り離せられないからね

どのぐらいの人が使っているの？

全国約 850 の大学や研究所の人が使っているよ。利用者は 300 万人を超えるね

えっ、そんなに大きなネットなんだね

このやり取りで、僕らだけではなく愛莉姉さんや心君もぐっと前のめりになった。心君が質問をした。

普通のインターネットとどう違うの？

まず、超高速ということだね。大型の実験装置が発生するデータ量はとても大きいから、スムーズに送るためには速くないとだめなんだ

どのぐらいのデータ量を送るの？

一つの実験プロジェクトで、1 日に 100 テラバイト以上のデータを送る場合もある。データ量は実験によってだいぶ違うけど、年々増えていくんだ

データ量がピンとこないわ。何かと比較できないかしら

優さんは少し考えて、僕らの家でも使っている映像保存用のブルーレイディスクの記憶容量と比較してみた。

100テラバイトは、家にある標準のブルーレイディスクの4,000枚相当だね。スリムケースに入れて約20メートルになる

やっぱりピンとこないけど、なんとなくすごそうな感じはするわ

研究は実験データが命だからね。この実験データを研究者の間で共有して解析するんだ。これでもデータ量をかなり絞っているらしいよ

パパはどのぐらい使うの？

パパはそんなにデータをためるほうじゃないけど、1か月で1テラバイトぐらいかな。新しいSINETだと、僕の共同研究者に80秒で送れるよ。家から送ろうとすると、1日以上かかるけど

SINETは平成28年4月に新しくつくり変えられて、SINET5（サイネットファイブ）というバージョンになった。ロゴの色は、SINETの部分が“紺瑠璃”という日本の伝統色だ。ちなみに“こんるり”と読む、“こじるり”じゃない。数字の部分はオレンジ色をしている。

みんなが熱くなってきたので、僕らは冷蔵庫から母が買ってきた複数種類のアイスクリームを取り出し、お皿に保冷剤を敷いたうえでみんなの前に置いた。まずは、ピノの袋を開けて、僕らはチョコ味を二つに切って爪楊枝に刺して食べた。心君は、丸ごとほおばりながら質問した。

ネットの速さはどのぐらいなの？

SINETのルータが各都道府県に置かれていて、その間を100ギガビット毎秒の回線でつないでいるんだ

ギガビット？　さっきのはテラバイトじゃなかった？

1バイトは8ビットのことで、テラはギガの1,000倍の単位だ。1テラバイトは8,000ギガビットだから、100ギガビット毎秒の回線だと80秒で送れる計算になる

超ややこしいじゃない

舞さんが「わざと難しく説明するのはやめなさいよ」と言ったので、優さんは「このぐらい常識じゃないのか」と反論した。舞さんと優さんは、「文系と理系は違うのよ」、「自分で説明してみたらどうだ」、「SINETのこと知らないもの」ともめた。優さんは「じゃあ、これからはギガビット毎秒のことを単にギガと言って、それだけで説明する」と宣言した。心君がこの宣言をサポートして再確認した。

全国を100ギガでつないでいるの？

そうさ。どこの県からでも、100ギガなんだ

大学からSINETへはどうつなぐの？

大学はキャンパス内の通信のためにキャンパスルー

タを持っている。そのキャンパスルータと最寄りのSINETのルータをアクセス回線で接続するんだ

大学によってアクセス回線の速度が違うのかな？

そうだね。大学が参加している実験プロジェクトによりだいぶ変わる。SINET5の開始時点で、アクセス回線が100ギガの大学や研究所は16、10ギガから80ギガとなると100以上あるよ

SINETが全国100ギガというのもすごいと思ったが、100ギガのアクセス回線でつながっている大学もあるとはびっくりだった。僕の家のアクセス回線は、共用の100メガだから、1,000分の1以下だ。ちなみに僕は理系志望だから、そういう計算は好きだ。さらに興味が湧いてきて、聞いた。

どんな大学がつながっているの？

国立大学は全大学だね。公立大学は約8割5分、私立大学は約6割だけど、理系の学部がある大学は、ほとんどがつながっているよ

ということは、私の大学もSINETを使っているのかしら？

もちろんさ。みんな意外と知らないんだ。僕らの宣伝不足かもしれないけどね

知らないところで優さんとつながっていたのね

僕らは次に進む前に、ピノのアーモンド味とバニラ味

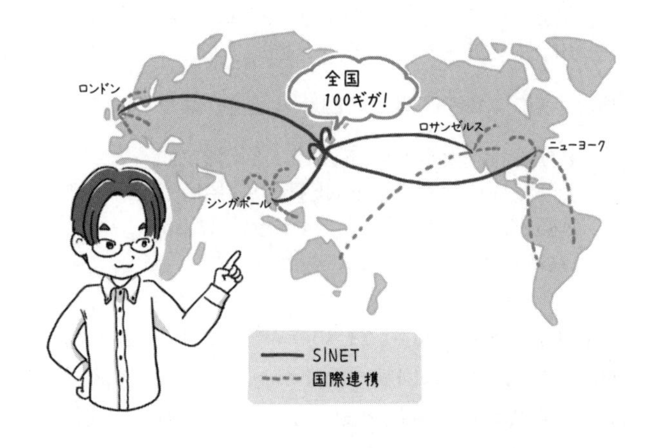

を二つに切って、異なる二片を爪楊枝に刺して食べた。僕らの食べ方を心君がうらやましそうに見ていたので、愛莉姉さんが同じようにしてあげた。

実験用のネットって面白いね

SINETはたくさんの実験プロジェクトを支えているので、それぞれの実験データを安全に運ぶための特別な機能がある。優さんがその機能について教えてくれた。

 実験プロジェクトでは、関係する大学間だけで通信できるように、“閉じた通信環境”をつくることが多いんだ。専門的に言うと、SINETの上にVPN（ブイピーエヌ）を設定する

閉じた通信環境って、二つの大学間だけでつくるの？

大学の数に制限はないよ。大学間をつなぐ小さなネットを形成するんだ。地震研究では10以上の大学をつないで、地震のデータをブロードキャストしているよ

ブロードキャストって何？

全大学にデータをコピーすることさ。こうすることで、各大学の地震研究者が全国の地震データを手に入れることができるんだ

SINETの上に小さな閉じたネットがたくさん乗っているのは面白かった。優さんによれば、この小さなネットの数はいろいろな研究分野で増え続けていて、種類も増えているとのことだ。

海外ともVPNを設定しているの？

そうだね。ノーベル賞を取った高エネルギー物理学の分野などで、日本と各国との間にVPNを設定しているよ

高エネルギー物理学って何？

ざっくり言えば、粒子を加速することで高エネルギーを持たせて、それらを衝突させて、素粒子とよばれる最も小さな物質の構造や振る舞いについて研究する学問さ

超難しいじゃない

子供にもわかるSINET5

（執筆：神保心、漢字変換：神保優）

SINET5は、例えていえば、日本中のどこにでも最速で連れて行ってくれる新型の新幹線だ。輝夫おじさんによると、“バビューン”という音で表現できるらしい。この新幹線に乗るためには、まず“SINETルータ”という駅に行こう。この駅はどの県にも必ず一つはある。そこからはどこの駅に行くにも直通の新幹線があって、速度はすべて100ギガだ。途中の駅で止まらないし、最も近道のルートを通るので、とても早く着くことができる。東京の駅からは海外に行く新幹線も出ていて、アメリカ行きは100ギガだ。

この新幹線は、光ファイバという線路と伝送装置という線路の切り替えポイントの上を走って、ボクの行きたいところに連れて行ってくれる。どこかの線路が故障すると、違うルートを通る直通の新幹線をすぐに用意してくれる。続けてほかの線路が故障しても、どこかの駅で新幹線を乗り換えれば、行きたいところにたどり着ける。着くのがちょっとだけ遅くなるだけだ。この場合には、駅員さんがしっかり案内してくれる。

新幹線には、VPN号というクラブ活動のための列車もある。この列車はそのクラブに入らないと乗ることができない。おもに理科系のクラブの人が使っている。この列車の種類はどんどん増えているようだ。特別に頼むと、オンデマンド号という列車もそのときだけ用意してくれる。面白いことに、海の近くのルートを通ってほしいといったボクのわがままも聞いてくれる。

混んでくると、新幹線の中には優先座席や優先列車というのがあって、急いでいる人はその席を予約することができるから安心だ。でも、その人が来なかったら、ほかの人が座れるようになっていて、みんなのことをちゃんと考えている。

将来には、もっともっと早いリニアモーターカーにする予定もあって、この前、その実験に成功したそうだ。面白いねSINET、ボクも早く乗ってみたい。

まあ、それはさておき、この分野の人たちは夢があるから、一緒にいると元気が出るよ。スイスの欧州原子核研究機構という研究所にも、たくさんの日本の研究者が滞在していて、とても熱いんだ

真凛が「そこには女子もいるの？」と質問したので、優さんは「女子もいっぱいいるさ」と答えた。真凛と優さんは、「みんなスイスに住んでるの？」、「フランスのほうが多いかな」、「なんでフランス？」、「その研究所はスイスとフランスの国境線上にあるんだ」、「何だか素敵ね」、「理系志望なの？」、「ううん、文系」と最後に盛り下がった。

僕らは雪見だいふくの箱を開けて、一つを二つに切って、柔らかくなるまで待つことにした。愛莉姉さんも心君に同じようにしてあげた。

KEYWORD

VPN：Virtual Private Network、仮想プライベートネットワーク

このネットの機能使いたいな

僕らは、真凛が見つけた雑誌から仕入れた情報をもとに質問をした。

天体観測にも使っているって聞いたよ

そうだね。例えば、複数の電波望遠鏡をネットでつないで、大規模な仮想望遠鏡をつくることがある。電波望遠鏡は各地にあるから、その中から選んで接続するんだ

どうやって選んで接続するの？

オンデマンド機能という僕らが開発した機能を使える。パソコンの画面で、望遠鏡につながるアクセス回線を選択して使う時間を指定すると、自動的にその時間だけ接続してくれるんだ。必要な帯域の指定もできるよ

帯域の指定って何？

ネットが運ぶことができる毎秒 100 ギガビットのうち、例えば 10 ギガビットまでを使っていいよという約束をするんだ。天文観測は観測時間が長くて大きなデータをずっと流すから、ほかの研究者の利用に影響が出ないようにする効果もある

このような特別なネットの機能は、利用者の要望を聞いて一緒に議論して開発するとのことだ。僕らはこの開発現場を後日見せてもらったが、これについては後で話す。

海外の望遠鏡にもつなぐの？

SINET の国際回線で世界の望遠鏡にもつないでいるよ。例えば、日本の望遠鏡と米国や欧州などの望遠鏡を接続して、地球の地殻変動などを観測しているんだ

チリのアルマ望遠鏡にもつながっているのよね？

そうだね。アルマ望遠鏡は標高約 5,000 メートルの砂漠地帯にあって、湿度が少なくて空気がきれいだから、天体をクリアに観測できるんだ

夢があるわね

この場所は日本の天文学者が見つけたらしいよ。すごい情熱だね

僕と優さんは、「僕はチリのイースター島に行ってみたいな」、「首都のサンティアゴから相当遠いね」、「チリは行ったことあるの？」、「もちろんさ」、「何の用事？」、「招待講演でよばれたんだ。家から 30 時間以上かかったよ」とチリの話で盛り上がった。これを聞いていた舞さんは、「招待させたんじゃないの？」と少し小声で言った。

僕らは雪見だいふくが柔らかくなったのを確かめて、食べながら質問を続けた。

はやぶさ２も関係しているって聞いたよ

惑星探査機は、地球の裏側に入ると日本から監視できなくなる。欧州の研究機関と連携して、その機関が持っているアルゼンチンの観測器で監視して、そのデータを日本まで運んでいるんだ

何だかわくわくするわ

優さんが「そのほかにも、大学での遠隔授業とか“遠隔”のつくものはSINETを使っているよ」と言ったので、姉が反応した。

うちの大学でも遠隔授業があるわ。ほかの大学の有名な先生の講義が聞けて、しかも単位がもらえるのよ

ハイビジョンのテレビやカメラが安くなったから、どんどん増えているんだ

そういえば、遠隔医療教育なんかもやってるの？

増えているよ。難しい手術ほど術例が少ないから、高精細の映像で手術をネット中継して、全国の大学病院関係者がテクニックを勉強しているんだ

8K映像も使っているの？　超きれいって聞いたわ

最近使いはじめたね。8K映像を送るためにはとても大きな帯域が必要だけど、SINETなら北見から沖縄まで送ることができるよ

8K映像を使うと心臓手術用などの極細の糸もクリア

に見えて、組織の色も忠実に再現できるそうだ。現在のハイビジョンでは実現できなかった高度な遠隔医療の世界が拓ける可能性が高いらしい。

でも、ネットが混んできたら映像が乱れたりしないの？

映像の乱れが気になる場合には、SINET の通信品質制御が使えるよ

通信品質制御って何？

映像データが遅れて届くのを抑えることだよ

　これは僕が最も聞きたいことだった。インターネットは混んでくると映像どころか音声までとぎれてしまう。真凛とのビデオ通話が切れっぱなしになると勉強が進まないので、どうにかできないものかと僕はいつも考えている。真凛と真剣に聞いた。

ネットが混んできても、SINET のルータで通信相手などを指定することで、優先的に通信データを届けることができるんだ

電話のように座席確保するの？

座席確保はしないけど、予約はしておくんだ。予約している人が来たら優先的に座席をあげる、来なかったらほかの人に譲る、というようにしてね

何だか合理的ね

通信品質制御を使えば、マシンの遠隔操作なども安心してできるよ

僕、大学生になったら“モニター”になってもいいよ

いいね。普通のインターネットはベストエフォートなので、どこで混んでいるかわからない。でも、SINET はすべてを僕らで管理しているから、実際の通信品質が格段に違うんだ

すごいね。通信品質制御、VPN、オンデマンド、全国 100 ギガ……SINET の中ってどうなってるの？

優さんはニヤリとして、貧乏ゆすりをしながら、うれしそうに難しい話を続けた。残念ながら僕らは謎だらけになったが、心君が“子供にもわかる SINET5”という

特別解説（p.154参照）を投稿してくれたので、そちらを見て理解してほしい。

僕らは魅力的なネットの機能に興奮して熱くなってきたので、パピコのチョココーヒー味を二つに割って食べることにした。愛莉姉さんも同じのを選んで、片方を心君に渡した。

大学もクラウドを使っている

愛莉姉さんがパピコで冷えた手を心君の首筋にくっつけたので、心君が「ひぃー」と飛び上がった。姉さんは笑って謝りながら、質問した。

最近大学で流行っている使い方とかあるの？

クラウドサービスが流行ってきているね

クラウドサービスって何？

ネットは雲、すなわちクラウド、のように表現するから、ネットの向こう側でいろいろなサービスを提供する形態をそうよぶようになったんだ

超普通じゃない？　ウェブもそうでしょ？

いままでは、ユーザー人ひとりにデータ保存用のストレージ、プログラムを動かすためのサーバ、そしていろいろなアプリなども提供してくれるのが違うところだね

確かに、SNSなどはストレージが命ね

最近はクラウドサーバ側でのみアプリを動かす形態も流行っているようだ。例えば、優さんはパソコンにメールアプリを入れずに、ウェブブラウザだけでメールの読み書きをしている。このウェブメールというアプリを使うと、パソコンにはメールが何も残らないので、万が一パソコンを紛失しても問題にならないそうだ。クラウドサーバ側で自動的にバックアップを取ることができれば、さらに安心にもつながる。

大学はクラウドサービスをどう使っているの？

大学は研究や教育のために多くのサーバを使う。これまではサーバをキャンパス内に置いていたけど、最近ではクラウド事業者のサーバを借りるようになってきているね

何かいいことあるの？

サーバが必要なときにすぐに使えて、必要に応じてすぐに増やしたりもできるんだ。しかも自分たちで保守や故障対応をしなくて済む

クラウドサービスでサーバを一時的に借りる場合には、借りた分だけお金を払う。また、その時点での最新のサーバを借りることもできる。なかなか合理的だ。

クラウド事業者とSINETはどうつながっているの？

クラウド事業者はアクセス回線でSINETに直結しているケースが多いね。大学とクラウドサーバとの

間はSINETのVPNでつながっていて、大学に閉じた通信環境がつくられているんだ

キャンパス環境がSINETの上で広がっている感じだね

そうだね。いままで大学内に閉じていた通信がSINETを使う通信の形に変化しているんだ。この変化が今後たくさんの大学で起こる

SINETが止まったら、大変なことなるわ

SINETは極力止まらない設計になっているんだ。ルータなどの装置は地震や停電に強いビルに置いていて、ルータ間の回線が切れてもいろんな迂回ができるようになっている。東日本大震災でも熊本地震でも止まっていないよ

この後、優さんのSINETの地震対策に関する難しい話が続いた。話を聞きながら、僕らはひとくちアイスの袋を開けた。プチパーティーという袋には、ハート形、丸形、星形のアイスが入っていて、僕らは丸形を選んで二つに切って食べることにした。心君が「何でハート形じゃないの？」と聞いたが、愛莉姉さんが「勉強不足ね」と肘でつついて、「星0.5」と言いながら星形を半分に切って心君にあげた。心君は勉強不足と言われたのが心外だったようで、“ハート形は二つにきらない”とノートに書き込んだ。

大学のネットは教育のために

SINETの話が一段落してきたので、愛莉姉さんに大学内のネットの利用状況についても聞いてみた。

学生って、ネットはどうやって使うの？

うちの大学はノートパソコンをワイファイにつなぐわね

無料で使えるんでしょ？

学費に含まれているんだろうけどね。でも、入学のときに、利用に関するマナーについて超うるさく言われるわよ

何て言われるの？

大学のネットは教育のためのネットなの。ウェブで

授業の調べものをする、YouTubeで先生の講演の復習をする、大学が発信しているSNSを見る、そういうのはもちろんいいの

どういうのがだめなの？

ネットゲーム、関係のない動画サイト、私的なSNSとか、だめね

うちの高校は、自分のスマホでもだめよ

結局、個人の問題なんだけど。誰かが違反すると全員がやっているように言われて、迷惑なのよ。大学によっては通信装置側で制限するらしいけどね

優さんは、「気をつけないとだめだよ。指導教員の責任になる大学もあるからね」と真剣な顔つきになった。

見つかるとどうなっちゃうの？

うちの大学は、授業中に見つかったら単位もらえないわ

大学の研究室で見つかったらどうなるの？

まあ、先生次第だけど、卒論の成績がBになるかもね

それきついわ。会社だったらどうなるの？

ボーナス査定に響くね。場合によっては昇格にも響くよ

優さんの発言を聞いて、眠そうになっていた祖父が「上

司によるのう。“ゲーム”を敵対視しているやつは確かにおる」と言った。最後に、心君が僕らのほうを向いて話を締めてくれた。

未来兄ちゃんと真凛お姉ちゃんは大丈夫だね

どうして？

ビデオでつなぎっぱなしと二人SNSでしょ。大学でやると恥ずかしいよ

心君に僕らがどう映っているのか、気になるところであった。誤解のないように言っておくと、僕らは学校では勉強に専念していて、スマホは極力さわらない。

オープンハウスに行ってみた

優さんが「NII のオープンハウスに来てみる？　実験室も見せてあげるよ」と言ってくれたので、僕らは後日 NII を訪問した。僕らは京王線沿いに住んでいるので、真凛の好きな“耳をすませば”の音楽が流れる駅を越えて、途中の駅で都営新宿線に乗り換えて、神保町駅で降りた。神保町が世界一古本屋の多い町だと聞いて、図書好きの真凛はうきうきしながら歩いた。丸善出版のある神田神保町ビルを過ぎてしばらくすると、一ツ橋交差点にある背の高いビルが見えてきた。そのビルは学術総合センターといって、NII はその真ん中から上の階に入っている。

1 階のロビーに着くと、外国人がたくさんいて、英語やフランス語と思われる言語が飛び交っていた。外国人をかき分けて受付で真凛がにっこりすると、守衛さんが「オープンハウスは隣の建物から入ってね」と親切に案内してくれた。僕らは一橋講堂と書いてある建物のほうに入って、受付で手続きを済ませ、階段を上った。

2 階に着くとすぐに、85 インチの 8K ディスプレイが目に飛び込んできた。沖縄からの映像が流れていて、スカイブルーの海の色がとてもきれいだった。臨場感というのだろうか、その場にいるような不思議な感覚がして、沖縄との会話のやり取りの遅延の少なさにもびっくりした。僕らがいつも使っているビデオ通話のもどかしさが全くなかった。ちょうどそこに優さんがやってきた。

ようこそ、NIIへ

ずいぶん都心にあるんだね

想像していたイメージとだいぶ違うわ

どんなイメージ？

白衣を着た人がいっぱいいるイメージかな

「うちには、白衣はいないね」と笑いながら、優さんは8K映像について解説してくれた。

この沖縄からの映像は、映像データを圧縮しないでそのまま運んでいるから、遅延がとても小さいんだ。普通のビデオ通話は、映像データを圧縮して帯域を小さくしているから、どうしても遅延が大きくなる

8K映像はどのぐらいの帯域が必要なの？

約25ギガビット毎秒だね。SINET5では全国でこの体験ができるようになったんだ

僕らは8K映像をしばらくじっくり見た後、高校生向けのブースも覗いてみた。その後微炭酸のジュースを飲んで少し休憩して、優さんと一緒にNIIのビルのほうに移り、SINETの実験室に向かった。

実験室の扉を開けると、ものすごい音がして、少しひんやりした。通信装置と思われる装置が2列にいっぱい並んでいて、3列目にはテーブルの上にディスプレイやノートパソコンが置かれていた。優さんの同僚の二人が

作業していたので、僕らは挨拶した。もらった名刺には、星に乗った女の子やにっこりしている猫などが描かれていた。「この絵のおかげで、初対面でも話が弾むんだよね」と二人は言った。一人はあごにちょび髭が生えている神田さん、もう一人は黒縁の眼鏡をかけている九段さんだ。

最初に優さんが、ネットの設計と開発とはどういうものかについて説明してくれた。実験室の中の音がすごかったので、僕らは耳に手を添えながら説明を聞いた。

ネットは要求条件に合わせて設計する必要がある。ものづくりと同じだ。SINET はいろいろな実験プロジェクトを支えているから、この要求条件が特殊なんだ

要求条件が特殊だとどうなるの？

誰もつくったことがないから、自分達で一から設計図を考えていく必要があるんだ

何からはじめればいいの？

まず、ネットを利用する研究者との打ち合わせを何度も行って、必要なネットのイメージを固めていくところからだね

優さんはこの打ち合わせのために国内の出張も多い。全国の大学や研究所と一緒に考えるため、説明会を毎年いろいろなところで開催する。また、大型の実験設備はどちらかというと遠方にあるので、実験計画を聞きに行ったりしている。

そして、必要なネットの機能を明らかにして、使う通信装置の候補を絞っていく

ここに並んでいる装置だね

通信装置の最新機能は国際的な議論の中で決まっていくから、その動向を把握して、僕らに必要な独自機能も開発してもらうようにするんだ

独自機能って何？

どこにもないソフトウェアのことだよ。僕らはこういうネットの機能が欲しい、こういうプロトコルで通信装置を制御したいなどを議論して、開発してもらうんだ

議論して決めていくのね

そして、試作ソフトウェアを提供してもらって、最新機能の実験をくり返しながら、設計図を詰めてい

く。通信装置を制御するための制御装置はNIIで開発して、最新機能と組み合わせるんだ

実験室はすごい音と風だった

神田さんが、「ここからは、僕らの出番だ」と説明を引き継いだ。「実験は楽しいよ」とにこにこしながら、通信装置の説明をしてくれた。

実験室にある通信装置は渋いシルバー色が多くて、黄緑色などの小さなランプがたくさん点滅していた。通信装置からは黄色い光ファイバがいっぱい出ていて、ほかの通信装置とつながっていた。きれいなオレンジ色の光ファイバや家でよく見る水色のケーブルもあって、配線がとてもカラフルだった。「部屋を暗くするとおしゃれなんだよ」と言って、神田さんが少しの時間だけ部屋の照明を暗くすると、“これぞIT”という感じの空間になった。

僕らが装置の前に行くと、“ファー”という音とともに、ものすごい風が吹いてきて、真凛の髪が空中に大きく舞った。真凛は髪を押さえながら言った。

すごい風ですね

風で乾燥するから、気をつけないと鼻血出ちゃうよ

乾燥で鼻血？　大変ですね

僕が装置に触ろうとすると、「おっと」と神田さんに手を払いのけられた。

悪いね、静電気が起きるとヤバいからね

どうヤバいんですか？

パッケージが壊れるんだ。この100ギガのパッケージ１枚で、高級車が買えるぐらいの値段がするからね

僕はこの１枚が高級車と聞いて、びっくりした。神田さんは、ニヤッとして言った。

まあ、頑張って値切ったから、買い値は安いんだけどね

壊れたら、修理も値切れるのかしら？

う～ん。それよりも、実験計画が台無しになる。だから、この静電気防止用のリストバンドつけて

僕らはリストバンドをつけてもらって、ボード１枚を二人で持たせてもらった。ぎっしりと電子回路が詰まっていて、とても重たかった。神田さんはボードを慎重に装置にもどすと、「あっちには伝送装置があるよ」と言って、少し離れた場所に僕らを案内した。飾り気のない銀色一色のマシンのスイッチを入れると、爆音のような音を立てて動きはじめた。よく聞くとファンの回る音で、このマシンからもすごい風が吹いてきた。

さっきの装置と組み合わせて実験するんだけど、消費電力が大きいから、時間を制限して使っているんだ

この後神田さんは技術的な解説をいろいろしてくれたが、ファンの音がすごくて、ほとんど聞き取れなかった。高級車が買えるぐらいの装置のところにもどると、九段さんに説明がバトンタッチされた。

僕は制御装置の開発を担当している。この黒いのが制御装置で、見た目は普通のサーバなんだけど、僕らのオリジナルのソフトウェアがのっているんだ。これを使うと、通信装置を自由に制御できるんだよ

例えばどういうことができるんですか？

九段さんはテーブルの上のキーボードをたたいて、通信装置の制御画面を表示して、実際に動かしてみてくれた。

例えば、利用する時間はX時からY時まで、接続する拠点はAとB、帯域は10ギガ、と指定すると、指定した時間だけ、2つの拠点間で10ギガの帯域を確保することができる

これがオンデマンドですね？

おっ、よく知っているじゃない

九段さんはスマホをさっと取り出して計算し、「10ギ

ガっていうのは、電話でいうと15万6,250通話分、いや最近の符号化を使ってIPヘッダもつけると……」と一人でぶつぶつ言った。僕らが想像できないまま、次の説明に移った。

この画面では、指定した拠点間に、インターネットとは切り離された閉じた通信環境をつくることができるよ

これって、VPNですよね？

あれっ、すごいじゃない。理系志望なの？

この前勉強したんですよ

彼女も理系志望なの？　やるじゃない。実は、このVPNを大学側の設定に合わせて拡張できる機能を開発中なんだ。ちょっと難しいけど、説明させてもらうね

真凛は首を振っていたが、九段さんは気づかずに熱い解説を続け、僕らが少し疲れてきたところで実験室の見学会は終了した。

僕らは、神田さんから「鼻血は出なかったよね？」、九段さんから「また来てよ、理系諸君」などのお別れの言葉をもらいながら実験室を後にした。もちろん、僕らはたくさんのお礼とスマイルは忘れなかった。二人には真凛のスマイルがとくに響いたようで、真凛が白い歯を光らせるたびに「また来てよ」をくり返した。その後、優さんに1階まで送ってもらい、僕らは帰路に着いた。

優さんの勧めで、皇居のまわりを少し見て、東京メトロ東西線の竹橋駅から帰ることにした。

少し寄り道したところでアイスクリーム屋さんを見つけたので、値段を確認したうえで入ってみた。メニューのイチオシが“オレンジアイスクリーム”だったので、一つ頼んで二つのスプーンをもらった。僕らは、「面白かったね」、「情報分野もアリかもよ」、「夢や情熱まで持てるかな？」、「幸せならそれでいいのよ」などと話しながら充実した見学会を振り返った。

KEYWORD

> **IT**：Information Technology。コンピュータ関連の技術のこと。ネットを使うことを強調したい場合、ICT（Information and Communication Technology）という。

第5話

未来に向かって

―レインボー―

超高速ネットで最高に盛り上がった後、祖父はだいぶ眠たくなってきたようだった。心君はお菓子につられて何とか起きていたが、瞼が重そうだった。優さんは「最後に、ネットの今後の方向性について教えてあげるよ。あくまでも一つの方向性だけど」と言って、“もののインターネット、IoT（Internet of Things）”について話し出した。優さんの話は少し難しかったが、舞さんにざっくりとまとめてもらうと以下のようになる。

IoT では、現在はつながっていない世の中のいろいろな“もの”がネットにつながってくる。家の家電製品、工場の機械類、動き回る自動車、至るところにあるセンサー類、今後活躍するロボットなどがつながってきて、僕らが遠隔から操作できたり、“もの”のほうからいろいろな情報を教えてくれたりする。メーカーからのメンテナンスも楽になって、遠隔で修理やアップグレードができるようになり、消耗部品の交換もタイムリーに行われる。このあたりの対応はすべてロボットがやってくれるかもしれない。人間にもセンサーチップがいっぱい付けられて、健康管理が劇的に進むかもしれない。そのうち、五感通信のようなものにも発展するかもしれない。

“かもしれない”がいっぱいだったが、僕らは想像を膨らませて、思いつくまま議論をはじめた。議論に必要なお菓子がなくなったのに気づいた母が、「いつもの置いておくね」と3時のおやつ類を僕らの前に置いてくれた。

“インターネット”というからには、いろんなものがIPアドレスでつながるということかな？

IPアドレスって足りるのかしら？

IPv6（アイピーブイロク）っていうのを大学の授業で聞いたわよ

でも、IPアドレスだけでは管理できないね。“もの”を識別する名前をどうするかが重要だ

“もの”がたくさんありすぎて、名前の付け方に困らないかな？

インターネットって、申請順の緩い世界でしょ。不安ね

同じ名前はだめとか、もう嫌よ。自分の好きな名前がいいわ

“もの”に自分の好きな名前が付けられて、ネットが自動的に解釈してつないでくれる、そういう世界でないとね

本当にできるのかしら？

広末涼子が切り拓いてくれるかもよ

広瀬すずのほうじゃないかな？

心君は学習ノートに“もののインターネット”と書いたが、かなり眠そうだった。僕はポッキーの箱を開けて、2本取り出し、1本を心君に渡した。もう1本は二つに折って、持つところがあるほうを真凛に渡した。議論は続いた。

自動車がネットにつながったら、面白そうだね

自動で車間を取ったり、無理な運転はできないようにして、事故のない世の中になるといいね

でも、その前に免許取らないとね

ネットで自動操縦してくれるから、免許がいらない世界になるかもね

でも、変な人に乗っ取られると怖いわ

パスワードはしっかりしておかないと。8文字以上、大文字、小文字、数字、特殊文字よ

無線基地局を介さずに車同士が直接通信して、独自のネットを形成するなんて考えもあるよ

ジャングルとか戦場じゃないの？　でも災害時などにはいいかもね

車ピーツーピー？　真凛と僕の車がずっとつなぎっぱなしというのはいいね

一緒の車に乗るほうがよくないかい？

うふふ

僕は「たけのこの里でいい？」と心君に聞いた。「きのこの山のほうがいい」ということだったので、そちらの箱を開けることにした。たけのこの里はナイフでうまく切れるが、きのこの山は難しいので、僕らはそのまま食べた。議論を続けた。

街のカメラがさらに増えて、高精細になってネットにつながりそうな気がするよ

見守りネットになるかもね

下手をすると、監視ネットになるわ

カメラをハンドオーバーして、犯罪者を追いかけるのもできるかもしれないね

顔認識の技術が進んでいるから、カメラを使った検索ができるかもよ

アイドルはしっかりマスクしないとね

わが研究所では、顔を認識させないメガネというのを開発しているけどね

それ、うけるね

でも、人の監視じゃなくて、空とかにも向けてほしいわ。星やオーロラの観測カメラが世界中にあるとロマンチックよ

ピントがあうのかなあ

UFO も観測されるかもよ

カメラについてはみんなのいろいろな想像が広がって会話が弾んだ。僕はキットカットミニの大人の甘さの袋を開けて、一つを心君に渡した。僕らのはとても簡単に二つに割れて、「いいね、これ」と言いながら食べた。議論はまだ続いた。

ロボットがネットにつながったらどうなるかな？

会社から帰る前に連絡すると、好きな食事をつくってくれて、お風呂を掃除してお湯も入れてくれるとうれしいわ

高度な人工知能を搭載しているだろうからね。楽勝

じゃないか

何でも頷いてくれそうだから、言い合いにはならなさそうね

舞には最高じゃないか

兄さんに向かって言ったのよ

でも、ロボットが乗っ取られるとひどいことになるわ

ロボット同士がネットでつながって、何かが起こるかもね

何が起きるんだろうね。いいことしてほしいね

ロボットについてもいろいろな想像が広がった。僕は難関のルマンドの袋を開けて、1本を心君に渡した。心君はそれを葉巻のようにくわえて一瞬にこりとしたが、

次の瞬間、瞼の重さが限界に達し眠りに落ちた。優さんに抱えられて心君はソファへと戦線離脱したが、テーブルの上には、“じんこうちのうで何かが起こる”と書かれた学習ノートが残された。

僕らのルマンドはテーブルの上に置き、斜めにナイフで軽く切り目を入れたうえで、生地を壊さないように一気に切った。真凛に「上手いわ」と賛辞をもらって、切り口を確認しながら、僕らは一緒に食べた。

ネットの仕組みのほうはどうなるのだろうか、優さんに聞いてみた。

家には、ホームルータの高度版みたいなものが置かれるだろうね。この高度なルータで家電製品やセンサー類などを自動検出してネットに組み込むと思うよ

ホームルータが賢くなるんだね

そこからは光ファイバでネットにつながるのよね？

家のアクセス回線も速くなるだろうね。共用で100ギガなんていうのも、意外と早く来るかもね

その頃には、電話線でインターネットはきつくなるね

広末涼子が新しい手を打つかもよ

でも、2020年には次世代の移動通信システムの5G（ファイブジー）も登場するから、アクセス回線の状況も変わるかもね

楽しみだわ

ネットはこれからもどんどん進化するね

 これからもネットを使いこなさないとね

近未来の話が終わる頃には、かなり遅い時間になっていた。今日の主役の祖父は、最後のほうはほぼ眠っていたが、電話や電話線の昔話ができてとても満足そうだった。また、「わしももっと勉強せんといかんな」と技術者魂が復活したようで、生き生きとして祖母と一緒にわが家を後にした。優さんは、「これから論文書かないと。明日が締め切りなんだよ」と、研究者オーラを全身に漂わせて帰って行った。予想外の奮闘をした心君は、優さんにおんぶされて健やかに眠ったままだった。舞さんは、「私もこれからプログラミングなのよ」と、理系女子力をみなぎらせて優さんを見送ったが、その後母と何やら話し込みはじめて、まだ粘る雰囲気だった。

僕は、いつも通り真凛を家まで送っていくことにした。真凛の家までは5分程度だが、夜道は僕が付き添うのが小学生時代からの約束になっている。外に出るとさわやかな風が吹いていて、真凛はきれいな髪をなびかせながら歩いた。

今日は楽しかったね。すごく勉強になったわ

この20年ぐらいでネットがこんなに進化したとはね

びっくりね。でも、私たちが一徹おじいちゃんの年齢になるまで、その3倍ぐらいあるのよ

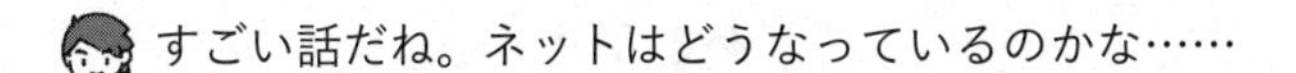
すごい話だね。ネットはどうなっているのかな……

60年後のネットなんて僕には全く想像できない。20年後でもそうだ。でも、誰かが新しい技術を日々開発して、着実にネットを進化させてくれる。そして僕らの暮らしを豊かにしてくれる……無言で考え込んでしまった僕を見て、真凛が足を止めて言った。

未来の刺激になってよかったね

真凛のおかげさ、ネットが好きになったよ。僕はSINETに超高速でつながっている大学を目指すよ

いいね。じゃあ、大きな図書館とセットでどうかしら？

学術情報基盤でつながるんだね

そういうつながりなの？

僕らはずっと一緒だ、真凛

そうこないと、未来

大きな目標ができて、僕らはこれからも毎晩、無料通話アプリでつなぎっぱなしにして勉強することを約束した。二人で大学に合格したら盛大にお祝いをして、記念写真やビデオをSNSにアップするつもりだ。そして、ずっと一緒に夢を追いかけていく。

（終わり）

あとがき

「わかりやすいネットの本をお願いします！」、広報の清水さんからの依頼を受けて、本書の企画がはじまりました。本シリーズでは、難解な専門用語を使わずに研究の最前線をやさしく紹介することになっています。そこで、先端ネット技術のやさしい解説にトライしたところ、書き進めるにつれて文才のなさに愕然として、悶々とする羽目になってしまいました。

悶々が続いたある日、進捗管理打合せの場で、この状況を打破するアドバイスをいただきました。広報から「幅広い年代の人が興味を持てるような本がいいですね。」、丸善出版さんから「誰でも気軽に読めるような本にしてはどうでしょう。」。これを受けて、ネットの最前線のやさしい解説ではなく、もっと広い領域をカバーすることにしました。幅広い年代を意識して、電話世代、ピッチ世代、スマホ世代、ついでにSINETと、世代ごとに分けて話を展開してみました。気軽に読めるように、ネットの利用シーンを主にして、ネットの仕組みはポイントだけにとどめました。技術解説の部分も基本的なものに絞り、なるべく平易に書いてみたつもりです。また、読み疲れないように、全体を会話形式にして、少々脱線するパーツも一定間隔で入れてみました。本文は漆谷、解説は栗本、特別解説は両者が担当しました。なお、本書に登場する人物はすべて架空の人物です。

ドラフト版を関係者に読んでもらったところ、「ポケベルといえば女優もいたよね」、「ピッチといえばむしろデータ通信でしょ」、「写メはいまの若者も使うわ」、「チャットはいまどき通じないよね」、「SINETだけ難解じゃないか」、「NIIの紹介が全然ない」などのコメントをいただき、反映させながら進めました。自分の世代のところに関心が集まるようです。ほかにも、「お菓子でお腹がいっぱいになったんですけど」などのコメントもありましたが、悩んだ末にそのままとさせていただきました。

結果としてだいぶ軽い感じの本になりましたが、本書を通じて、皆様方が少しでもネットを支える技術、さらにはSINET、にご興味を持っていただけたら幸甚です。

最後に、本書の執筆に関して温かい励ましや有益なコメントをいただいた、丸善出版の小西孝幸さん、小畑悠一さん、弊所広報の清水あゆ美さん、高橋美都さん、SINETチームの皆さん（以下敬称略・五十音順：合田憲人、阿部俊二、亀井耕治、窪田佳裕、鯉渕道紘、小薗隆弘、計宇生、齊藤麻友子、酒井清彦、高倉弘喜、鷹野真司、中村素典、福田健介、松村光、森島晃年、山田茂樹、山田博司、山中顕次郎、山本一登）、そして、本書にぴったりのイラストを描いていただいたイラストレータの高木もち吉さんに、心より感謝申し上げます。

2016年8月吉日

漆谷　重雄
栗本　崇

著者紹介

漆谷重雄（うるしだに・しげお）

国立情報学研究所 アーキテクチャ科学研究系 教授。
1985 年神戸大学大学院修士課程修了。
博士（工学）（東京大学）。
1985 年 NTT 研究所、1998 年文部省学術情報センター客員助教授などを経て、2006 年より現職。2011 年より学術ネットワーク研究開発センター長、2015 年より学術基盤推進部長を兼務。
これまで、バックボーンネットワークのアーキテクチャおよびシステムの研究開発、各種高速ネットワークの設計・構築などに従事。現在は、学術情報ネットワークなどを担当。電子情報通信学会フェロー。

栗本崇（くりもと・たかし）

国立情報学研究所 アーキテクチャ科学研究系 准教授。
1994年東京工業大学大学院修士課程修了。博士（工学）（慶應義塾大学）。
1994年NTT研究所、2005年NTT東日本担当課長などを経て、2015年より現職。
これまで、ネットワークシステムの高速化・大容量化、マルチレイヤネットワークアーキテクチャ等の研究開発に従事。2005年～2009年の間は、NTT東日本で次世代ネットワーク（NGN）の商用化導入を担当。現在は、学術情報ネットワークなどを担当。電子情報通信学会・IEEE会員。

参考文献

1) 愛澤慎一編著、「やさしいディジタル交換」、電気通信協会(1987)
2) 野口正一監修、鈴木滋彦著、「図解 ISDN ―多目的インタフェース―」、オーム社 (1988)
3) 「営業に役立つ 電気通信のしくみがわかる本 '92 年版」、NTT 出版 (1991)
4) NTT 東日本、「電話のふくそうのしくみ」、https://www.ntt-east.co.jp/traffic/disaster.html
5) NTT 技術史料館、「公衆電話」など実物多数
6) 「「ベル友」ブームを巻き起こした「ポケットベル (現クイックキャスト)」の歴史」、NTT ドコモレポート No.55 (2007)
7) 小川圭祐・小林忠男編著、「やさしいパーソナルハンディホン」、電気通信協会 (1995)
8) 上林真司、「携帯電話のつながるしくみ」、電子情報通信学会・通信ソサイエティマガジン、no.9、pp.14-15 (2009)
9) from NTT ドコモ、「豊かな生活に役立つ社会基盤となる LTE サービス「Xi」(クロッシィ)」、NTT 技術ジャーナル、vol. 23、no. 7、pp.48-51 (2011)
10) 守倉正博・久保田周治監修、「改訂三版 802.11 高速無線 LAN 教科書」、インプレス R&D (2008)
11) 溝内正康、「FENICS パソコン通信サービス NIFTY-Serve」、日本教育情報学会・教育情報研究、vol. 5、no. 1、pp. 54-59 (1989)
12) JPNIC、「インターネットの基礎」、「IP アドレス」、「ドメイン名」、https://www.nic.ad.jp/ja/
13) K. R. Fall, W. R. Stevens 著、「TCP/IP Illustrated, Volume 1: The Protocols, 2nd Edition」、Addison-Wesley Professional (2011)
14) NTT 西日本、「フレッツ・ADSL サービスの特長」、https://flets-w.com/adsl/tokuchou/
15) 「技術基礎講座 GE-PON 技術―第一回 PON とは」、NTT 技

術ジャーナル、vol.17、no.8、pp.71-74（2005）

16）Wi-Fi Alliance、「Wi-Fi Alliance ― ブランド」、https://www.wi-fi.org/ja/node/7967

17）Skype、「なぜスカイプは重くなく繋がるのか？」、http://skypeとは.net/technology.php

18）LINE Developer day 2015、http://linedevday.linecorp.com/jp/2015/#t1s1

19）Google、「Google 検索の仕組み」、https://support.google.com/webmasters/answer/70897?hl=ja

20）国立情報学研究所、「高等教育機関の情報セキュリティ対策のためのサンプル規程集」、http://www.nii.ac.jp/csi/sp/

21）国立情報学研究所、「学術情報ネットワーク SINET5」、https://www.sinet.ad.jp/

22）総務省編集、「情報通信白書 ICT 白書〈平成 28 年版〉IoT・ビッグデータ・AI～ネットワークとデータが創造する新たな価値～」、日経印刷（2016）

ホームページの最終閲覧日はいずれも 2016 年 10 月 3 日

※　「LINE」はLINE株式会社、「フリーダイヤル」「テレゴング」はエヌ・ティ・ティ・コミュニケーションズ株式会社、「週刊少年サンデー」は株式会社小学館、「きまぐれ／オレンジロード」は株式会社集英社、「らんま1/2」は株式会社小学館集英社プロダクション、「ダイヤルQ2」は日本電信電話株式会社、「わらびういろ」は株式会社餅文総本店、「PHS」は株式会社ウィルコム、「i-mode」は株式会社エヌ・ティ・ティ・ドコモ、「写メ」はソフトバンクモバイル株式会社、「海がきこえる」「耳をすませば」は株式会社スタジオジブリ、「じゃがりこ」はカルビー株式会社、INTERNET EXPLORERはMicrosoft Corporation、「NIFTY」はニフティ株式会社、「SKYPE」はSkype、「ポリコム」はポリコム インコーポレイテッド、「FACEBOOK」はフェイスブック・インコーポレイテッド、「TWITTER」はトゥイッターインコーポレイテッド、「Instagram」はインスタグラム・リミテッド・ライアビリティ・カンパニー、「YouTube」「Google」はグーグル インコーポレイテッド、「ニコニコ動画」は株式会社ドワンゴ、「ピノ」は森永乳業株式会社、「雪見だいふく」は株式会社ロッテ、「パピコ」「ポッキー」は江崎グリコ株式会社、「プチパーティー」はオハヨー乳業株式会社、「たけのこの里」「きのこの山」は株式会社明治、「KIT KAT」はソシエテ・デ・プロデュイ・ネスレ・エス・アー、「ルマンド」は北日本巻食品株式会社の商標または登録商標です。

情報研シリーズ21

国立情報学研究所（http://www.nii.ac.jp）は、2000年に発足以来、情報学に関する総合的研究を推進しています。その研究内容を『丸善ライブラリー』の中で一般にもわかりやすく紹介していきます。このシリーズを通じて、読者の皆様が情報学をより身近に感じていただければ幸いです。

時代（とき）を映すインフラ
ネットと未来
丸善ライブラリー387

平成28年10月31日　発　行

監修者　情報・システム研究機構　国立情報学研究所

著作者　漆谷　重雄
栗本　崇

発行者　池田　和博

発売所　丸善出版株式会社
〒101-0051 東京都千代田区神田神保町二丁目17番
編集：電話(03)3512-3258／FAX(03)3512-3272
営業：電話(03)3512-3256／FAX(03)3512-3270
http://pub.maruzen.co.jp/

組版／株式会社 明昌堂
印刷・製本／大日本印刷株式会社

ISBN 978-4-621-05387-4 C0255　　Printed in Japan